中国应对气候变化数据手册 2015

China Climate Change in Figures 2015 Edition

马翠梅 编

中国环境出版集团·北京

图书在版编目（CIP）数据

中国应对气候变化数据手册．2015/马翠梅编．—北京：中国环境出版集团，2019.5

ISBN 978-7-5111-4066-1

Ⅰ.①中…　Ⅱ.①马…　Ⅲ.①气候变化—气象数据—中国—2015—手册　Ⅳ.①P467-62

中国版本图书馆 CIP 数据核字（2019）第 177891 号

出 版 人　武德凯
责任编辑　宋慧敏　周艳萍
责任校对　任　丽
封面设计　彭　杉

出版发行　中国环境出版集团
（100062　北京市东城区广渠门内大街 16 号）
网　　址：http://www.cesp.com.cn
电子邮箱：bjgl@cesp.com.cn
联系电话：010-67112765（编辑管理部）
010-67112738（第六分社）
发行热线：010-67125803，010-67113405（传真）

印　　刷　北京建宏印刷有限公司
经　　销　各地新华书店
版　　次　2019 年 5 月第 1 版
印　　次　2019 年 5 月第 1 次印刷
开　　本　880×1230　1/64
印　　张　2.5
字　　数　60 千字
定　　价　25.00 元

编写说明

为了更好地推进国内应对气候变化工作和支撑我国气候变化谈判，国家应对气候变化战略研究和国际合作中心统计考核项目部马翠梅结合已有相关工作，参考我国应对气候变化统计指标体系等，编撰了《中国应对气候变化数据手册2015》（以下简称《手册》）。

《手册》正文包括我国气候变化及影响、适应气候变化、温室气体清单（1994年和2005年）、控制温室气体排放、碳排放权交易以及中国自主决定贡献量化行动目标六个方面的相关数据。附表包括《联合国气候变化框架公约》（UNFCCC）附件Ⅰ缔约方温室气体数据、国际能源署二氧化碳排放统计相关指标数据、2014年英国石油公司（BP）二氧化碳排放统计相关指标数据以及世界主要国家和集团自主决定贡献中减缓目标。《手册》中国内数据均为国家发展和改革委员会、国家统计局、环境保护部、国家能源局、国家林业局、中国气象局等相关机构官方发布数据，国际数据源于UNFCCC秘书处、国际能源署和英国石油公司。本手册不包括中国香港特别行政区、中国澳门特别行政区和中国台湾地区数据。

鉴于资料来源限制和编撰水平有限，《手册》可能存在诸多不足和疏漏，恳请广大读者提出宝贵意见和建议。

Foreword

To better promote China's actions to tackle with climate change and support international negotiation, Ma Cuimei from the Department of Statistics and Assessment at National Center for Climate Change Strategy and International Cooperation(NCSC), compiled *China Climate Change in Figures 2015 Edition*, based on the related works and China's Statistical Indicator System on addressing Climate Change.

The data in six parts was included in this brochure as follows: climate change and impact, adaption to climate change, GHG inventory (1994 and 2005), GHG emissions control, carbon emissions trading and targets in China's INDCs. Also, the GHG emissions data released by UNFCCC, IEA and BP and the INDCs targets of major countries or groups were compiled in the appendix. All the domestic data were officially released by the governmental agencies such as National Development and Reform Commission, National Bureau of Statistics, Ministry of Environmental Protection, National Energy Administration, State Forestry Administration and China Meteorological Administration, etc. Data on Hong Kong Special Administrative Region, Macao Special Administrative Region and Taiwan Region was not included.

Due to the limitation of data sources and personnel capacities，this brochure may includes deficiencies and omissions. Your kind advice and comments are highly appreciated.

目　录　Contents

1

气候变化及影响

Climate Change and Impact

表 1-1 2005—2014 年二氧化碳浓度和全国沿海海平面较常年变化

Table 1-1 CO_2 Concentrations and Sea Level Rise

	2005	2006	2007	2008	2009	2010	2011	2012	2013	2014
二氧化碳浓度 /ppm CO_2 Concentration/ ppm	379.7	383.2	384.2	386.3	389.2	389.5	392.2	394.8	397.3	398.7
全国沿海海平面较常年变化 /mm Sea Level Rise/mm	—	71	62	30	68	67	69	122	95	111

注：1. 二氧化碳浓度为中国气象局青海瓦里关站观测数据，其中 2005—2010 年数据为当年 12 个月报告数据的平均值，2011—2014 年数据源于《中国温室气体公报》（2012—2015）。
2. 沿海海平面数据来源于《中国海平面公报》（2006—2014）。
3. 1ppm=1×10^{-6}。

Source: CO_2 concentration from China Meteorology Administration and *China Greenhouse Gas Bulletin*; sea level rise from *China Sea Level Bulletin*.

表 1-2　2005—2014 年全国主要城市年平均气温

Table 1-2 Annual Average Temperature in Major Cities

单位：℃　　(℃)

城市 City	2005	2006	2007	2008	2009	2010	2011	2012	2013	2014
北京 Beijing	13.2	13.4	14.0	13.4	13.3	12.6	13.4	12.9	12.8	14.1
天津 Tianjin	12.9	13.2	13.6	13.3	12.9	12.2	12.9	12.5	12.8	14.0
石家庄 Shijiazhuang	14.3	14.7	14.9	14.6	14.4	14.0	14.2	14.0	13.8	14.9
太原 Taiyuan	10.9	11.8	11.4	10.9	11.1	11.3	10.8	10.7	11.2	10.9
呼和浩特 Hohhot	7.7	8.6	9.0	7.4	8.0	7.6	7.9	7.2	7.3	7.7
沈阳 Shenyang	8.0	8.3	9.0	8.6	7.7	7.2	7.7	7.4	7.9	9.2
长春 Changchun	5.6	6.6	7.7	7.2	6.1	5.2	5.9	5.2	5.6	7.1
哈尔滨 Harbin	4.7	5.3	6.7	6.6	5.0	4.5	5.2	4.6	4.3	5.1
上海 Shanghai	17.1	17.9	18.2	17.2	17.4	17.2	16.9	16.9	17.6	17.0
南京 Nanjing	16.3	17.0	17.3	16.1	16.4	16.2	16.1	16.0	16.8	16.4
杭州 Hangzhou	17.5	18.3	18.4	17.5	17.8	17.4	17.2	17.1	18.0	17.5
合肥 Hefei	16.2	17.0	17.3	16.4	16.7	16.4	16.3	16.5	17.0	16.5
福州 Fuzhou	20.3	20.8	21.0	20.4	20.7	20.4	20.2	20.2	20.4	20.8
南昌 Nanchang	18.2	18.6	19.2	18.5	18.8	18.5	18.4	18.0	19.0	18.8
济南 Jinan	14.4	15.0	15.0	14.6	14.8	14.3	14.1	14.3	14.7	15.4
郑州 Zhengzhou	14.9	15.8	15.9	15.6	15.5	15.6	15.1	15.5	16.1	16.3
武汉 Wuhan	17.8	18.3	18.5	17.6	17.9	16.6	16.3	16.4	17.1	16.7

单位：℃ (℃)

城市 City	2005	2006	2007	2008	2009	2010	2011	2012	2013	2014
长沙 Changsha	17.7	18.5	18.8	18.3	18.5	18.2	17.9	17.6	19.2	18.6
广州 Guangzhou	22.8	23.2	23.2	22.4	23.0	22.5	21.4	21.7	21.5	21.7
南宁 Nanning	21.4	22.0	21.7	20.8	22.2	21.8	20.7	21.4	21.6	21.6
海口 Haikou	25.1	25.4	24.1	23.4	24.3	24.6	23.3	24.6	24.3	24.7
重庆 Chongqing	18.6	19.2	19.0	18.5	19.0	18.6	18.8	18.3	19.8	18.6
成都 Chengdu	16.2	16.9	16.8	16.3	16.8	16.0	15.9	15.9	16.9	16.0
贵阳 Guiyang	14.1	14.9	14.9	14.1	14.9	14.6	14.0	13.7	15.1	14.7
昆明 Kunming	16.7	16.4	15.6	15.4	16.6	16.7	15.5	16.3	16.0	16.4
拉萨 Lhasa	9.3	9.7	9.8	8.9	10.3	10.0	9.4	9.6	8.9	9.4
西安 Xi' an	15.0	15.2	15.6	14.9	15.1	14.6	14.1	14.2	15.8	15.2
兰州 Lanzhou	7.2	8.1	11.1	10.6	8.0	7.9	7.7	7.5	8.3	7.7
西宁 Xining	5.8	6.4	6.1	5.7	6.2	6.4	5.7	5.2	6.1	5.7
银川 Yinchuan	10.1	10.9	10.4	9.9	10.5	10.3	9.9	9.8	11.2	10.7
乌鲁木齐 Urumqi	7.5	8.6	8.5	8.7	8.0	7.4	7.3	7.4	8.7	7.4

注：1. 2005 年数据源自《中国环境统计年鉴 2006》。
2. 2006 年数据源自《中国环境统计年鉴 2007》。
3. 2007—2014 年数据源于《中国统计年鉴》(2008—2015)。

Source: *China Statistical Yearbook on Environment* (2006–2007) and *China Statistical Yearbook* (2008–2015).

表 1-3　2005—2014 年全国主要城市年降水量

Table 1-3　Annual Precipitations in Major Cities

单位：mm　　　　(mm)

城市 City	2005	2006	2007	2008	2009	2010	2011	2012	2013	2014
北京 Beijing	410.7	318.0	483.9	626.3	480.6	522.5	720.6	733.2	579.1	461.5
天津 Tianjin	618.5	415.2	389.7	552.1	566.2	355.4	485.8	755.3	411.5	441.4
石家庄 Shijiazhuang	389.5	407.8	430.4	707.7	698.9	432.9	674.2	649.4	508.3	294.8
太原 Taiyuan	274.7	424.8	535.4	355.3	625.1	376.6	496.6	427.8	487.3	428.7
呼和浩特 Hohhot	248.3	290.8	261.2	571.0	265.0	469.5	177.1	551.4	564.6	394.8
沈阳 Shenyang	822.2	576.3	672.3	721.7	657.7	1036.6	479.7	786.0	788.1	362.9
长春 Changchun	681.0	632.6	534.2	716.8	481.0	878.3	468.4	718.3	736.5	446.0
哈尔滨 Harbin	507.9	487.9	444.1	439.0	534.1	591.3	452.0	740.8	633.5	415.8
上海 Shanghai	1 059.8	1 149.7	1 290.4	1 086.5	1 289.4	1 128.9	1 009.1	1 103.7	1 173.4	1 295.3
南京 Nanjing	992.3	1 106.8	1 070.9	975.0	1 363.5	1 298.4	1 077.0	917.2	898.4	1 091.1

单位：mm （mm）

城市 City	2005	2006	2007	2008	2009	2010	2011	2012	2013	2014
杭州 Hangzhou	1 138.6	1 164.3	1 378.5	1 273.9	1 453.9	1 728.1	1 359.9	1 728.8	1 520.9	1 359.9
合肥 Hefei	1 091.3	992.8	929.7	910.2	951.9	1 316.8	1 000.5	936.4	893.2	1 180.2
福州 Fuzhou	1 705.4	1 904.7	1 109.6	1 484.8	1 374.7	1 604.5	1 244.9	1 913.4	1 137.5	1 623.0
南昌 Nanchang	1 908.7	1 567.5	1 118.5	1 356.1	1 277.8	2 211.1	1 108.6	2 059.8	1 431.8	1 890.5
济南 Jinan	965.4	652.5	797.1	705.1	701.8	820.9	667.1	569.1	736.0	521.4
郑州 Zhengzhou	728.8	692.6	596.4	658.2	762.5	600.3	706.5	498.7	353.2	551.6
武汉 Wuhan	1 116.6	1 047.1	1 023.2	1 266.3	1 158.0	1 337.9	987.2	1 415.5	1 434.2	1 208.6
长沙 Changsha	1 600.9	1 310.4	936.4	1 452.9	1 216.6	1 626.4	932.8	1 730.0	1 254.9	1 386.8
广州 Guangzhou	1 986.2	2 175.7	1 370.3	2 284.0	1 472.6	2 353.6	1 632.3	1 813.9	2 095.4	2 234.0
南宁 Nanning	1 119.2	1 159.4	1 008.1	1 625.0	963.1	1 376.9	1 252.9	1 086.8	1 569.3	1 234.7
海口 Haikou	1 187.0	1 547.7	1 419.3	2 391.2	2 528.2	2 445.1	2 002.1	2 094.3	2 067.0	1 861.3
重庆 Chongqing	1 019.8	839.6	1 439.2	962.7	1 198.9	1 044.7	837.8	1 104.4	1 026.9	1 452.1

单位：mm （mm）

城市 City	2005	2006	2007	2008	2009	2010	2011	2012	2013	2014
成都 Chengdu	765.6	704.4	624.5	1 028.2	724.2	936.8	1 003.2	610.9	1 343.3	975.0
贵阳 Guiyang	1 067.5	1 016.9	884.9	1 370.9	849.5	1 010.0	735.2	1 226.4	888.3	1 562.0
昆明 Kunming	976.0	993.6	932.7	982.2	565.8	869.1	659.0	802.1	804.7	1 078.3
拉萨 Lhasa	495.8	339.3	477.3	533.8	344.0	359.8	425.4	365.2	565.2	637.8
西安 Xi' an	541.4	434.0	698.5	525.2	660.3	527.3	717.8	385.3	423.9	660.2
兰州 Lanzhou	431.4	304.9	407.9	305.4	185.9	192.0	181.0	231.2	255.5	355.6
西宁 Xining	484.1	352.3	523.1	378.6	459.1	405.0	390.4	446.1	413.6	446.5
银川 Yinchuan	74.9	195.8	214.7	194.6	180.0	206.3	166.2	292.7	148.8	169.2
乌鲁木齐 Urumqi	276.3	235.9	419.5	171.8	353.1	282.4	344.5	286.9	300.9	297.0

注：1. 2005 年数据源自《中国环境统计年鉴 2006》。
2. 2006 年数据源自《中国环境统计年鉴 2007》。
3. 2007—2014 年数据源于《中国统计年鉴》（2008—2015）。

Source: *China Statistical Yearbook on Environment* (2006–2007) and *China Statistical Yearbook* (2008–2015).

表 1-4 2005—2013 年全国各地区洪涝干旱成灾面积

Table 1-4 Flood and Drought Disaster Areas

单位：10^3 hm^2 (1 000 hectares)

地区 Region	2005	2006	2007	2008	2009	2010	2011	2012	2013
全国 China	14 526	17 980	21 275	10 453	16 359	16 011	9 439	7 654	10 711
北京 Beijing	0	8	19	5	1	0	13	38	4
天津 Tianjin	0	9	16	7	0	0	4	83	0
河北 Hebei	302	934	1 101	509	1 112	481	460	464	337
山西 Shanxi	1 021	402	765	929	996	576	365	293	345
内蒙古 Inner Mongolia	929	1 531	2 346	1 097	2 083	1 146	704	958	467
辽宁 Liaoning	478	718	1 021	272	977	544	117	3	217
吉林 Jilin	494	681	1 923	194	1 487	491	161	174	211
黑龙江 Heilongjiang	596	1 907	3 153	983	2 707	901	360	417	1 850
上海 Shanghai	0	0	0	0	0	0	9	0	0
江苏 Jiangsu	182	889	308	95	241	179	299	275	121

单位：$10^3 hm^2$ （1 000 hectares）

地区 Region	2005	2006	2007	2008	2009	2010	2011	2012	2013
浙江 Zhejiang	84	100	55	144	48	59	134	60	261
安徽 Anhui	1 314	486	974	202	231	364	143	447	429
福建 Fujian	117	177	112	26	35	176	29	43	29
江西 Jiangxi	181	323	550	301	557	919	375	275	496
山东 Shandong	414	857	415	169	999	1 035	388	261	459
河南 Henan	795	433	816	428	321	470	303	313	235
湖北 Hubei	939	1 028	985	945	471	837	661	716	897
湖南 Hunan	834	817	1 294	440	473	1 302	696	539	1 295
广东 Guangdong	242	164	267	274	109	95	19	31	109
广西 Guangxi	793	383	420	683	445	840	375	116	43
海南 Hainan	184	35	70	99	3	82	24	1	0
重庆 Chongqing	391	913	397	140	165	157	233	215	152
四川 Sichuan	486	1 653	1 015	141	596	807	563	360	472

单位：$10^3 hm^2$ （1 000 hectares）

地区 Region	2005	2006	2007	2008	2009	2010	2011	2012	2013
贵州 Guizhou	263	420	157	140	360	1 136	1 228	194	741
云南 Yunnan	1 305	719	587	4[illegible]4	502	2 110	625	541	439
西藏 Tibet	0	4	5	4	14	21	1	4	4
陕西 Shaanxi	763	551	701	356	358	444	263	157	301
甘肃 Gansu	776	1 056	1 112	609	555	511	632	325	519
青海 Qinghai	21	202	40	46	21	36	34	35	25
宁夏 Ningxia	304	233	304	227	121	14	126	79	126
新疆 Xinjiang	320	346	348	577	370	280	94	239	130

注：1. 2005—2011 年数据来源于《中国统计年鉴》（2006—2012），表中数据为当年各地区水灾成灾面积和旱灾成灾面积之和。
2. 2012 年和 2013 年数据来源于《中国农村统计年鉴》（2014）。

Source: *China Statistical Yearbook* (2006–2012) and *China Rural Statistical Yearbook*（2014）.

表 1–5 2006—2013 年全国各地区气象灾害引发的直接经济损失
Table 1–5 Direct Economic Loss Caused by Meteorological Disasters

单位：亿元 (100 million CNY)

地区 Region	2006	2007	2008	2009	2010	2011	2012	2013
全国 China	2 516.9	2 378.5	3 244.5	2 490.6	5 097.5	3 034.6	3 358.9	4 766.0
北京 Beijing	5.3	6.9	7.4	4.5	2.1	14.7	171.1	4.8
天津 Tianjin	4.6	5.4	3.0	1.7	0.5	1.2	32.5	1.0
河北 Hebei	84.6	80.0	45.4	137.6	97.5	69.2	394.6	113.3
山西 Shanxi	75.7	117.6	80.1	80.9	122.0	74.2	63.3	146.9
内蒙古 Inner Mongolia	130.1	144.4	97.3	249.7	138.2	103.1	144.7	113.3
辽宁 Liaoning	61.5	173.9	8.3	166.6	169.0	36.6	193.9	122.0
吉林 Jilin	21.0	96.9	12.5	167.2	523.7	41.4	36.4	113.1
黑龙江 Heilongjiang	58.2	177.4	94.5	108.1	60.1	89.8	64.3	325.2
上海 Shanghai	1.2	1.6	3.2	3.3	0.0	3.6	5.2	3.7
江苏 Jiangsu	78.6	68.5	54.9	44.1	54.5	90.5	91.0	32.6

单位：亿元 (100 million CNY)

地区 Region	2006	2007	2008	2009	2010	2011	2012	2013
浙江 Zhejiang	158.3	168.4	240.6	119.3	75.5	163.9	309.9	695.9
安徽 Anhui	42.3	130.4	189.7	132.5	104.1	112.3	85.7	206.4
福建 Fujian	269.7	53.2	62.8	39.4	158.9	14.9	47.4	120.4
江西 Jiangxi	103.8	68.5	329.7	85.7	520.0	135.7	113.3	90.2
山东 Shandong	90.0	145.0	28.2	162.7	205.4	147.5	244.5	88.3
河南 Henan	32.2	82.2	32.8	99.3	195.2	62.0	25.1	109.6
湖北 Hubei	72.7	87.4	221.9	68.3	238.7	216.0	131.7	145.0
湖南 Hunan	225.4	124.5	413.4	142.9	273.8	266.9	149.2	282.7
广东 Guangdong	317.6	55.7	240.1	62.8	178.2	57.3	76.0	489.8
广西 Guangxi	108.4	49.0	356.5	66.2	108.7	76.5	45.7	62.4
海南 Hainan	5.2	11.7	23.4	10.8	131.9	89.8	15.5	37.5
重庆 Chongqing	101.4	75.2	30.4	48.2	67.1	71.9	56.0	50.8
四川 Sichuan	153.9	122.3	110.7	139.9	486.4	358.6	398.2	519.5

单位：亿元 (100 million CNY)

地区 Region	2006	2007	2008	2009	2010	2011	2012	2013
贵州 Guizhou	55.6	38.2	222.7	33.1	178.6	249.2	59.6	129.0
云南 Yunnan	62.2	54.7	98.7	83.9	333.9	156.2	113.0	126.3
西藏 Tibet	1.4	3.3	4.5	5.8	5.7	3.0	2.5	11.8
陕西 Shaanxi	70.1	115.0	32.1	64.6	297.1	156.3	86.0	231.7
甘肃 Gansu	58.5	42.5	119.1	91.9	222.7	78.6	123.8	288.6
青海 Qinghai	16.1	14.7	14.6	17.4	11.7	20.8	14.5	13.6
宁夏 Ningxia	17.3	19.6	15.9	17.7	13.6	16.4	7.9	15.4
新疆 Xinjiang	34.0	44.4	50.1	34.5	122.7	56.5	56.4	40.9

注：1. 数据来源于《中国气象灾害统计年鉴》（2007—2014）。
2. 新疆数据包括新疆生产建设兵团数据。

Source: *China's Meteorological Disaster Statistics Yearbook* （2007–2014）。

Note: The direct economic loss of Xinjiang Production & Construction Corps is included in that of Xinjiang.

2

适应气候变化

Adaptation to Climate Change

表 2-1 2010—2013 年全国各地区新增种草面积

Table 2-1 Newly Increased Grassland Area

单位：10^3 hm^2 (1 000 hectares)

地区 Region	2010	2011	2012	2013
全国 China	7 502.3	7 439.9	6 945.1	6 915.3
北京 Beijing	6.8	7.7	22.5	18.2
天津 Tianjin	6.5	6.5	6.7	8.3
河北 Hebei	138.6	139.8	132.6	147.7
山西 Shanxi	90.4	184.8	167.6	147.9
内蒙古 Inner Mongolia	1 901.1	1 798.5	1 930.7	1 926.4
辽宁 Liaoning	362.8	356.3	319.4	366.8
吉林 Jilin	363.0	409.9	255.0	263.3
黑龙江 Heilongjiang	381.2	412.4	360.3	195.9
上海 Shanghai	—	—	—	41.3
江苏 Jiangsu	31.9	28.1	25.7	70.5
浙江 Zhejiang	34.9	34.9	34.9	30.5
安徽 Anhui	70.3	71.4	73.4	132.3
福建 Fujian	32.2	30.3	30.3	68.8
江西 Jiangxi	134.2	135.5	140.8	150.4
山东 Shandong	82.0	113.1	79.5	97.8
河南 Henan	52.7	45.8	42.9	42.6
湖北 Hubei	82.0	93.7	89.2	37.0

单位：10^3 hm^2 (1 000 hectares)

地区 Region	2010	2011	2012	2013
湖南 Hunan	58.9	42.5	36.2	24.2
广东 Guangdong	22.1	19.7	18.7	0.3
广西 Guangxi	19.5	18.3	23.9	42.8
海南 Hainan	0.2	0.2	0.3	—
重庆 Chongqing	35.6	41.8	48.0	158.7
四川 Sichuan	1 082.5	1 083.7	730.1	315.7
贵州 Guizhou	174.5	160.0	141.3	64.8
云南 Yunnan	212.8	203.4	294.6	136.9
西藏 Tibet	220.0	49.3	80.0	537.3
陕西 Shaanxi	91.8	93.5	145.8	826.4
甘肃 Gansu	583.2	624.3	530.3	281.9
青海 Qinghai	580.2	498.7	359.9	731.0
宁夏 Ningxia	236.6	249.6	237.4	49.7
新疆 Xinjiang	391.0	397.5	550.3	586.9
新疆生产建设兵团 Xinjiang Production & Construction Corps	21.6	88.6	36.6	—

数据来源：《中国统计年鉴》（2011—2014）。

注：1.“—”表示无数据。

2. 表中新疆数据不包含新疆生产建设兵团的数据。

Source: *China Statistical Yearbook* (2011–2014).

Note:1. “—” indicates not available.

2. The newly increased grassland area of Xinjing Production & Construction Corps is not included in that of Xinjiang.

表 2-2 2005—2012 年全国各地区新增节水灌溉面积

Table 2-2 Newly Increased Water-saving Irrigation Area

单位：10^3 hm^2 (1 000 hectares)

地区 Region	2005	2006	2007	2008	2009	2010	2011	2012
全国 China	992.0	1 087.8	1 063.5	946.0	1 319.6	1 558.8	1 865.6	2 037.2
北京 Beijing	7.8	11.6	-15.6	-18.7	-10.0	9.2	0.0	0.0
天津 Tianjin	10.9	1.0	14.5	16.7	19.7	14.0	12.7	16.8
河北 Hebei	55.0	46.3	41.3	51.7	50.5	103.8	131.0	142.0
山西 Shanxi	25.2	26.2	-0.6	6.9	6.6	7.3	40.8	-85.6
内蒙古 Inner Mongolia	131.1	158.9	163.8	192.7	156.7	162.8	184.9	176.5
辽宁 Liaoning	16.8	18.2	5.1	25.7	32.5	35.4	86.5	152.1
吉林 Jilin	9.8	1.1	1.0	-42.9	16.3	11.7	68.1	95.6
黑龙江 Heilongjiang	102.2	187.5	230.2	161.2	262.2	405.4	313.3	312.6
上海 Shanghai	-2.3	5.2	5.1	-5.0	7.7	-0.5	-0.8	0.4
江苏 Jiangsu	48.7	37.4	64.0	12.2	52.9	37.9	105.4	190.1

单位：10^3 hm^2 (1 000 hectares)

地区 Region	2005	2006	2007	2008	2009	2010	2011	2012
浙江 Zhejiang	38.7	31.3	38.3	31.7	31.5	29.9	20.8	29.5
安徽 Anhui	29.9	19.6	18.6	20.9	24.0	27.2	26.9	40.2
福建 Fujian	36.1	45.6	18.2	11.2	16.0	27.2	-0.5	38.3
江西 Jiangxi	6.7	9.1	13.1	10.5	19.1	32.3	40.0	62.2
山东 Shandong	49.1	102.2	38.2	55.5	68.1	121.2	130.8	163.9
河南 Henan	65.2	54.6	39.1	9.3	55.0	69.4	78.7	88.4
湖北 Hubei	33.5	34.2	33.6	9.7	30.4	24.8	38.9	54.6
湖南 Hunan	12.2	7.7	9.8	34.3	-14.8	11.4	22.0	21.6
广东 Guangdong	10.5	13.4	11.6	5.3	18.7	6.7	10.1	7.9
广西 Guangxi	-18.8	23.4	21.3	15.5	5.8	16.3	25.0	53.6
海南 Hainan	6.0	4.8	11.3	0.0	6.7	3.1	12.0	8.6
重庆 Chongqing	5.9	7.8	10.7	7.0	9.2	12.6	12.4	9.2

单位：10^3 hm^2 (1 000 hectares)

地区 Region	2005	2006	2007	2008	2009	2010	2011	2012
四川 Sichuan	43.1	50.1	41.2	45.8	76.0	76.7	66.3	98.9
贵州 Guizhou	20.4	19.2	1.4	19.5	6.3	5.4	4.3	7.3
云南 Yunnan	24.5	27.6	33.5	31.2	36.9	27.9	33.4	37.6
西藏 Tibet	15.2	1.8	-0.4	7.4	7.5	11.7	1.9	8.6
陕西 Shaanxi	39.9	18.7	15.7	10.7	5.7	5.6	8.5	20.3
甘肃 Gansu	28.5	-18.3	-36.8	24.7	24.7	38.5	35.6	32.9
青海 Qinghai	1.4	4.9	4.8	5.0	5.4	10.7	4.3	4.3
宁夏 Ningxia	-9.9	18.2	11.2	20.3	23.4	47.1	89.8	-9.3
新疆 Xinjiang	148.5	118.4	220.7	170.3	268.8	166.1	262.5	258.1

注：数据来源于《中国环境统计年鉴》（2006—2014），表中各年数据为当年节水灌溉面积相比于前一年的新增面积。
Source: *China Statistical Yearbook on Environment* (2006–2014).

表 2-3 第四次（2005—2009 年）荒漠化和沙化监测结果

Table 2-3 Monitoring Results of the Fourth Desertification and Sandification Survey (2005–2009)

单位：km^2 (km^2)

地区 Region	减少荒漠化土地面积 Decreased Desertification Area
全国 China	12 454
内蒙古 Inner Mongolia	4 672
河北 Hebei	1 802
甘肃 Gansu	1 349
辽宁 Liaoning	1 153
西藏 Tibet	789
宁夏 Ningxia	757
山西 Shanxi	490
新疆 Xinjiang	423
陕西 Shaanxi	406
青海 Qinghai	284

注：数据来源于《第四次中国荒漠化和沙化状况公报》，监测期信息起止时间为 2005 年年初至 2009 年年底，表中数据均为与 2004 年相比 5 年间荒漠化土地的减少面积。

Source: *The Fourth China Desertification and Sandification Situation Bulletin*.

表 2-4 各地区湿地面积

Table 2-4 Regional Wetland Area

单位：10^3 hm^2 (1 000 hectares)

地区 Region	首次湿地调查 Initial Wetlands Survey	第二次湿地调查 Second Wetlands Survey
全国 China	38 485.5	53 602.6
北京 Beijing	34.4	48.1
天津 Tianjin	171.8	295.6
河北 Hebei	1 081.9	941.9
山西 Shanxi	499.9	151.9
内蒙古 Inner Mongolia	4 245.0	6 010.6
辽宁 Liaoning	1 219.6	1 394.8
吉林 Jilin	1 203.4	997.6
黑龙江 Heilongjiang	4 314.8	5 143.3
上海 Shanghai	319.7	464.6
江苏 Jiangsu	1 674.7	2 822.8
浙江 Zhejiang	802.2	1 110.1
安徽 Anhui	653.9	1 041.8
福建 Fujian	443.0	871.0
江西 Jiangxi	998.8	910.1
山东 Shandong	1 784.1	1 737.5
河南 Henan	624.1	627.9

单位：10^3 hm^2 (1 000 hectares)

地区 Region	首次湿地调查 Initial Wetlands Survey	第二次湿地调查 Second Wetlands Survey
湖北 Hubei	927.3	1 445.0
湖南 Hunan	1 226.9	1 019.7
广东 Guangdong	1 398.1	1 753.4
广西 Guangxi	656.1	754.3
海南 Hainan	311.5	320.0
重庆 Chongqing	43.2	207.2
四川 Sichuan	961.7	1 747.8
贵州 Guizhou	79.4	209.7
云南 Yunnan	235.3	563.5
西藏 Tibet	5 232.0	6 529.0
陕西 Shaanxi	292.9	308.5
甘肃 Gansu	1 258.1	1 693.9
青海 Qinghai	4 126.0	8 143.6
宁夏 Ningxia	255.6	207.2
新疆 Xinjiang	1 410.2	3 948.2

注：数据来源于《中国统计年鉴》，本表为中国首次湿地调查（2003 年完成）和第二次湿地调查（2013 年完成）资料。

Source: *China Statistical Yearbook* (2004, 2014).

表 2-5 红树林面积

Table 2-5 Sharpleaf Mangrove Area (*Rhizophora Apiculata*)

单位：hm^2 (hectares)

地区 Region	红树林面积 Sharpleaf Mangrove Area
全国 China	82 757.2
浙江 Zhejiang	5 452.3
福建 Fujian	13 410.1
广东 Guangdong	32 325.9
广西 Guangxi	18 029.2
海南 Hainan	13 539.7

注：数据来源于《中国统计年鉴2012》，表中数据为2002年全国红树林资源调查结果。
Source: *China Statistical Yearbook 2012*.

3

中国温室气体清单

China's GHG Inventory

表 3-1　1994 年中国温室气体排放总量

Table 3-1 China's Total GHG Emissions in 1994

单位：10^6 t CO_2 当量　　(million tonnes CO_2eq)

排放源 / 吸收汇类别 Source/Sink Category	二氧化碳 CO_2	甲烷 CH_4	氧化亚氮 N_2O	合计 Total
能源活动 Energy	2 795	197	15	3 008
工业生产过程 Industrial Processes	278		5	283
农业活动 Agriculture		361	244	605
废弃物处理 Waste		162		162
土地利用变化与林业 Land Use Change and Forestry	-407			-407
总量（不包括土地利用变化和林业） Total(excluding Land Use Change and Forestry)	3 073	720	264	4 057
总量（包括土地利用变化和林业） Total(including Land Use Change and Forestry)	2 666	720	264	3 650

数据来源：《中华人民共和国气候变化初始国家信息通报》。

Source: *Initial National Communication on Climate Change of the People's Republic of China.*

表 3-2　1994 年中国温室气体排放构成

Table 3-2 Composition of China's GHG Emissions in 1994

温室气体 GHGs	不包括土地利用变化和林业 excluding Land Use Change and Forestry		包括土地利用变化和林业 including Land Use Change and Forestry	
	CO_2 当量 /10^6 t CO_2eq/ million tonnes	比重 /% Share/%	CO_2 当量 /10^6 t CO_2eq/ million tonnes	比重 /% Share/%
二氧化碳 CO_2	3 073	75.76	2 666	73.05
甲烷 CH_4	720	17.75	720	19.73
氧化亚氮 N_2O	264	6.50	264	7.22
合计 Total	4 057	100.00	3 650	100.00

数据来源：《中华人民共和国气候变化初始国家信息通报》。

Source: *Initial National Communication on Climate Change of the People's Republic of China.*

表 3-3 1994 年中国二氧化碳排放情况

Table 3-3 China's CO_2 Emissions in 1994

排放源类型 Source Category	二氧化碳 /10^6 t CO_2/million tonnes	构成 /% Share/%
能源活动 Energy	2 795	90.95
工业生产过程 Industrial Processes	278	9.05
土地利用变化和林业 Land Use Change and Forestry	-407	—
总量（不包括土地利用变化和林业）Total(excluding Land Use Change and Forestry)	3 073	100.00
总量（包括土地利用变化和林业）Total(including Land Use Change and Forestry)	2 666	—

数据来源：《中华人民共和国气候变化初始国家信息通报》。

注："—"表示不参与计算。

Source: *Initial National Communication on Climate Change of the People's Republic of China.*

Note: "—" indicates not be estimated.

表 3-4 1994 年中国甲烷排放情况

Table 3-4 China's CH_4 Emissions in 1994

排放源类型 Source Category	甲烷 /10^4 t CH_4/10 000 tonnes	构成 /% Share/%
能源活动 Energy	937	27.33
农业活动 Agriculture	1 720	50.15
废弃物处理 Waste	772	22.52
合计 Total	3 429	100.00

数据来源：《中华人民共和国气候变化初始国家信息通报》。

Source: *Initial National Communication on Climate Change of the People's Republic of China.*

表 3-5 1994 年中国氧化亚氮排放情况

Table 3-5 China's N_2O Emissions in 1994

排放源类型 Source Category	氧化亚氮 /10^4 t N_2O/10 000 tonnes	构成 /% Share/%
农业活动 Agriculture	78.6	92.43
能源活动 Energy	5.0	5.82
工业生产过程 Industrial Processes	1.5	1.75
合计 Total	85.0	100.00

数据来源：《中华人民共和国气候变化初始国家信息通报》。

Source: *Initial National Communication on Climate Change of the People's Republic of China.*

表 3-6 1994 年中国能源活动温室气体排放情况

Table 3-6 China's GHG Emissions from Energy in 1994

排放源类型 Source Category	二氧化碳 /10^4 t CO_2/10 000 tonnes	甲烷 /10^4/t CH_4 /10 000 tonnes	氧化亚氮 /10^4/t N_2O /10 000 tonnes	折 CO_2 当量 /10^6/t in CO_2 eq/ million tonnes	构成 /% Share/%
化石燃料燃烧 Fossil Fuels Combustion	279 549		5	2 811	93.46
生物质燃烧 Biomass Combustion		215		45	1.50
煤炭开采逃逸 Fugitive Emissions from Coal Mining		710		149	4.96
油气系统逃逸 Fugitive Emissions from Oil and Gas Systems		12		3	0.09
合计 Total	279 549	937	5	3 008	100.00

数据来源：《中华人民共和国气候变化初始国家信息通报》。

Source: *Initial National Communication on Climate Change of the People's Republic of China.*

表 3-7 1994 年中国工业生产过程温室气体排放情况

Table 3-7 China's GHG Emissions from Industrial Processes in 1994

排放源类型 Sources Category	二氧化碳 /10^4 t CO_2 /10 000 tonnes	构成 /% Share/%
水泥 Cement	15 778	56.76
石灰 Lime	9 356	33.66
钢铁 Iron & Steel	2 268	8.16
电石 Calcium Carbide	397	1.43
合计 Total	27 798	100.00

数据来源：《中华人民共和国气候变化初始国家信息通报》。

Source: *Initial National Communication on Climate Change of the People's Republic of China.*

表 3-8 1994 年中国农业活动温室气体排放情况

Table 3-8 China's GHG Emissions from Agriculture in 1994

排放源类型 Sources Category	二氧化碳 /10^4 t CO_2 /10 000 tonnes	甲烷 /10^4 t CH_4 /10 000 tonnes	氧化亚氮 /10^4 t N_2O/10 000 tonnes	折 CO_2 当量 /10^6 t in CO_2eq/ million tonnes	构成 /% Share/%
动物肠道发酵 Enteric Fermentation		1 018		214	35.36
水稻种植 Rice Cultivation		615		129	21.35
其他 Other		87	79	262	43.29
合计 Total		1 720	79	605	100.00

数据来源：《中华人民共和国气候变化初始国家信息通报》。

注：对于农业活动其他类别中的甲烷排放源，只包括动物粪便管理系统，对于氧化亚氮排放源，包括农田土壤、动物粪便管理系统、田间焚烧秸秆。

Source: *Initial National Communication on Climate Change of the People's Republic of China.*

Note: Methane emission source only includes animal wastes management system.Nitrous oxides emission source includes cropland soil, animal wastes management system and agricultural residue burning in fields.

表 3-9　1994 年中国土地利用变化和林业温室气体排放与吸收情况

Table 3-9　China's GHG Emissions and Removals from Land Use Change and Forestry in 1994

单位：10^4 t　(10 000 tonnes)

排放源 / 吸收汇类型 Sources/Sinks Category	子类型 Sub-category	二氧化碳排放 / 吸收 CO_2 Emissions/ Removals
森林和其他木质生物量碳贮量的变化 Carbon Stock Changes of Forests and Other Woody Biomasses	有林地 Forested Land	-30 037
	其中：林分生长 of Which: Growth of Stands	-74 874
	森林消耗 Consumption of Forests	53 257
	经济林 Economic Forests	-6 029
	竹林 Bamboo Forests	-2 391
	疏林、散生木、四旁树 Open Forests, Scattered Trees & Four-sides Trees	-13 083
	小计 Subtotal	-43 119
森林转化 Forest Conversions		2 371
合计 Total		-40 748

数据来源：《中华人民共和国气候变化初始国家信息通报》。

Source: *Initial National Communication on Climate Change of the People's Republic of China.*

表 3-10　1994 年中国废弃物处理温室气体排放情况

Table 3-10　China's GHG Emissions from Waste in 1994

排放源 Sources Category	甲烷 /10^4 t CH_4 /10 000 tonnes	构成 /% Share/%
城市生活垃圾处理 Disposal of Municipal Solid Waste	203	26.30
工业废水处理 Treatment of Industrial Wastewater	416	53.89
生活污水处理 Treatment of Domestic Sewage	153	19.82
合计 Total	772	100.00

数据来源：《中华人民共和国气候变化初始国家信息通报》。

Source: *Initial National Communication on Climate Change of the People's Republic of China.*

表 3-11　2005 年中国温室气体排放总量

Table 3-11 China's Total GHG Emissions in 2005

单位：10^6 t CO_2 当量　　(million tonnes CO_2eq)

排放源 / 吸收汇类别 Source/Sink Category	二氧化碳 CO_2	甲烷 CH_4	氧化亚氮 N_2O	氢氟碳化物 HFCs	全氟化碳 PFCs	六氟化硫 SF_6	合计 Total
能源活动 Energy	5 404	324	40				5 769
工业生产过程 Industrial Processes	569		34	149	6	10	768
农业活动 Agriculture		529	291				820
废弃物处理 Waste	3	80	28				111
土地利用变化与林业 Land Use Change and Forestry	-422	1	0				-421
总量（不包括土地利用变化和林业） Total(excluding Land Use Change and Forestry)	5 976	933	394	149	6	10	7 467
总量（包括土地利用变化和林业） Total(including Land Use Change and Forestry)	5 554	933	394	149	6	10	7 046

数据来源：《中华人民共和国气候变化第二次国家信息通报》。

Source: *Second National Communication on Climate Change of the People's Republic of China.*

表 3-12　2005 年中国温室气体排放构成

Table 3-12 Composition of China's GHG Emissions in 2005

	不包括土地利用变化和林业 excluding Land Use Change and Forestry		包括土地利用变化和林业 Including Land Use Change and Forestry	
温室气体 GHGs	CO_2 当量 /10^6 t CO_2eq/ million tonnes	比重 /% Share/%	CO_2 碳当量 /10^6 t CO_2eq/ million tonnes	比重 /% Share/%
二氧化碳 CO_2	5 976	80.03	5 554	78.82
甲烷 CH_4	933	12.49	933	13.25
氧化亚氮 N_2O	394	5.27	394	5.59
含氟气体 Fluorinated Gases	165	2.21	165	2.34
合计 Total	7 467	100.00	7 046	100.00

数据来源：《中华人民共和国气候变化第二次国家信息通报》。

Source: *Second National Communication on Climate Change of the People's Republic of China.*

表 3-13 2005 年中国二氧化碳排放情况

Table 3-13 China's CO_2 Emissions in 2005

排放源类型 Source Category	二氧化碳 /10^6 t CO_2 /million tonnes	构成 /% Share/%
能源活动 Energy	5 404	90.43
工业生产过程 Industrial Processes	569	9.52
废弃物处理 Waste	3	0.05
土地利用变化和林业 Land Use Change and Forestry	-422	—
总量（不包括土地利用变化和林业）Total(excluding Land Use Change and Forestry)	5 976	100.00
总量（包括土地利用变化和林业）Total(including Land Use Change and Forestry)	5 554	—

数据来源：《中华人民共和国气候变化第二次国家信息通报》。
注："—"表示不参与计算。
Source: *Second National Communication on Climate Change of the People's Republic of China.*
Note: "—" Indicates not be estimated

表 3-14 2005 年中国甲烷排放情况

Table 3-14 China's CH_4 Emissions in 2005

排放源类型 Source Category	甲烷 /10^4 t CH_4 /10 000 tonnes	构成 /% Share/%
能源活动 Energy	1 543	34.71
农业活动 Agriculture	2 517	56.62
废弃物处理 Waste	382	8.60
土地利用变化和林业 Land Use Change and Forestry	3	0.07
合计 Total	4 445	100.00

数据来源：《中华人民共和国气候变化第二次国家信息通报》。
Source: *Second National Communication on Climate Change of the People's Republic of China.*

表 3-15 2005 年中国氧化亚氮排放情况

Table 3-15 China's N_2O Emissions in 2005

排放源类型 Source Category	氧化亚氮 /10^4t N_2O/10 000 tonnes	构成 /% Share/%
农业活动 Agriculture	94	73.79
能源活动 Energy	13	10.54
工业生产过程 Industrial Processes	11	8.34
废弃物处理 Waste	9	7.32
土地利用变化和林业 Land Use Change and Forestry	0.02	0.01
合计 Total	127	100.00

数据来源：《中华人民共和国气候变化第二次国家信息通报》。

Source: *Second National Communication on Climate Change of the People's Republic of China.*

表 3-16 2005 年中国含氟气体排放情况

Table 3-16 China's Fluorinated Gas Emissions in 2005

排放源类型 Sources Category	含氟气体 /10^4 t CO_2 当量 Fluorinated Gas/million tonnes CO_2eq	构成 /% Share/%
工业生产过程 Industrial Processes	16 500	100.00
合计 Total	16 500	100.00

数据来源：《中华人民共和国气候变化第二次国家信息通报》。

Source: *Second National Communication on Climate Change of the People's Republic of China.*

表 3-17 2005 年中国能源活动温室气体排放情况

Table 3-17 China's GHG Emissions from Energy in 2005

能源活动 Energy	二氧化碳 / 10^4 t CO_2 / 10 000 tonnes	甲烷 / 10^4 t CH_4 / 10 000 tonnes	氧化亚氮 / 10^4 t N_2O/ 10 000 tonnes	折 CO_2 当量 / 10^8 t in CO_2eq / million tonnes	构成 /% Share/%
化石燃料燃烧 Fossil Fuels Combustion	54.04	12.6	7.0	54.29	94.09
生物质燃烧 Biomass Combustion	—	216.3	6.4	0.65	1.13
煤炭开采逃逸 Fugitive Emissions from Coal Mining	—	1 292.2	—	2.71	4.70
油气系统逃逸 Fugitive Emissions from Oil and Gas Systems	—	21.8	—	0.05	0.09
合计 Total	54.04	1 542.9	13.4	57.7	100.00

数据来源：《中华人民共和国气候变化第二次国家信息通报》。

Source: *Second National Communication on Climate Change of the People's Republic of China.*

表 3-18　2005 年中国工业生产过程温室气体排放情况

Table 3-18 China's GHG Emissions from Industrial Processes in 2005

单位：10^6 t CO_2 当量 (million tonnes CO_2eq)

排放源类型 Sources Category	二氧化碳 CO_2	氧化亚氮 N_2O	氢氟碳化物 HFCs	全氟化碳 PFCs	六氟化硫 SF_6	总计 Total	构成 /% Share/%
水泥 Cement	412					412	53.70
石灰 Lime	86					86	11.17
钢铁 Iron & Steel	47					47	6.13
电石 Calcium Carbide	10					10	1.34
石灰石和白云石使用 Limestone & Dolomite Uses	14					14	1.83
己二酸生产过程 Adipic Acid		19				19	2.41
硝酸生产过程 Nitric Acid		15				15	1.89
铝生产过程 Aluminum				6		6	0.72
镁生产过程 Magnesium					1	1	0.07
电力设备制造和运行 Power Equipment Manufacturing and Operation					10	10	1.29
半导体生产过程 Semi Conductor Production			0.1	0.2	0.1	0.3	0.04
一氯二氟甲烷生产 Chlorodifluoromethane Production			106			106	13.87
臭氧消耗物质替代生产和使用 Production and Use of Alternatives of Ozone Depleting Substances			43			43	5.54
合计 Total	569	33	149	6	10	767	100.00

数据来源：《中华人民共和国气候变化第二次国家信息通报》。

Source: *Second National Communication on Climate Change of the People's Republic of China.*

表 3-19 2005 年中国农业活动温室气体排放情况

Table 3-19 China's GHG Emissions from Agriculture in 2005

排放源类型 Sources Category	甲烷 /10^4 t CH_4/10 000 tonnes	构成 /% Share/%	氧化亚氮 /10^4 t N_2O/10 000 tonnes	构成 /% Share/%
动物肠道发酵 Enteric Fermentation	1 438	57.1		
动物粪便管理 Animal Manure Management	286	11.4	27	28.7
水稻种植 Rice Cultivation	793	31.5		
农用地 Agricultural Lands			67	71.3
合计 Total	2 517	100.0	94	100.0

数据来源：《中华人民共和国气候变化第二次国家信息通报》。

Source: *Second National Communication on Climate Change of the People's Republic of China.*

表 3-20 2005 年中国土地利用变化和林业活动温室气体排放与吸收情况
Table 3-20 China's GHG Emissions and Removals from Land Use Change and Forestry in 2005

单位：10^4 t (10 000 tonnes)

排放源 / 吸收汇 Sources/Sinks	子类型 Sub-category	二氧化碳排放 / 吸收 CO_2 Emissions/ Removals	甲烷排放 CH_4 Emissions	氧化亚氮排放 N_2O Emissions
森林和其他木质生物量碳贮量的变化 Carbon Stock Changes of Forests and Other Woody Biomass	乔木林 Arbor Tree Forests	-75 644		
	竹林 Bamboo Forests	-1 345		
	经济林 Economic Forests	723		
	灌木林 Shrubs	-8 926		
	疏林、散生木、四旁树 Open Forests, Scattered Trees & Four-Sides Trees	-8 599		
	森林消耗 Consumption of Forests	49 156		
	小计 Subtotal	-44 634		
森林转化 Forest Conversion	现地燃烧 On-site Combustion	720	3.1	0.02
	异地燃烧 Off-site Combustion	960		
	分解排放 Emissions from Decompostion	800		
	小计 Subtotal	2 481		
合计 Total		-42 153	3.1	0.02

数据来源：《中华人民共和国气候变化第二次国家信息通报》。
Source: *Second National Communication on Climate Change of the People's Republic of China.*

表 3-21 2005 年中国废弃物处理温室气体排放情况

Table 3-21 China's GHG Emissions from Waste in 2005

排放源类型 Sources Category		二氧化碳 /10^4 t CO_2/10 000 tonnes	甲烷 /10^4 t CH_4/10 000 tonnes	氧化亚氮 /10^4 t N_2O/10 000 tonnes	折 CO_2 当量 /10^8 t in CO_2eq/million tonnes	构成 /% Share/%
固体废弃物处理 Solid Waste Disposal		—	220	—	46	41.40
工业废水处理 Industrial Wastewater Treatment		—	122	9	63	56.22
生活污水处理 Domestic Sewage Treatment		—	40			
废弃物焚烧处理 Waste Incineration	化石成因 Fossilized	266	—	—	3	2.38
	生物成因 * Organic	393				
合计 Total		266	382	9	112	100.00

数据来源于《中华人民共和国气候变化第二次国家信息通报》。

注：* 不计入总量。

Source: *Second National Communication on Climate Change of the People's Republic of China.*

Note: *not included in total emissions.

表 3-22　1994—2005 年中国温室气体排放变化情况

Table 3-22 China's GHG Emissions Change from 1994 to 2005

排放源 / 吸收汇类别 Source/sink Category	1994 年排放量 /10^6 t CO_2 当量 Emissions in 1994/ million tonnes CO_2eq	2005 年排放量 /10^6 t CO_2 当量 Emissions in 2005/ million tonnes CO_2eq	变化率 /% Change/%
能源活动 Energy	3 008	5 769	92
工业生产过程 Industrial Processes	283	768	172
农业活动 Agriculture	605	820	36
废弃物处理 Waste	162	111	-32
土地利用变化与林业 Land Use Change and Forestry	-407	-421	3
总量（不包括土地利用变化和林业）Total(excluding Land Use Change and Forestry)	4 057	7 467	84
总量（包括土地利用变化和林业）Total(including Land Use Change and Forestry)	3 650	7 046	93

注：根据《中华人民共和国气候变化初始国家信息通报》和《中华人民共和国气候变化第二次国家信息通报》整理。

Source: *Initial National Communication on Climate Change of the People's Republic of China* and *Second National Communication on Climate Change of the People's Republic of China.*

4

控制温室气体排放相关指标

Indicators on GHG Emissions Control

表 4-1 1990—2014 年全国人口数

Table 4-1 Population

单位：万人 (10 000 persons)

年份 Year	人口数 Population
1990	114 333
1991	115 823
1992	117 171
1993	118 517
1994	119 850
1995	121 121
1996	122 389
1997	123 626
1998	124 761
1999	125 786
2000	126 743
2001	127 627
2002	128 453
2003	129 227
2004	129 988
2005	130 756
2006	131 448
2007	132 129
2008	132 802
2009	133 450
2010	134 091
2011	134 735
2012	135 404
2013	136 072
2014	136 782

数据来源：《中国统计年鉴 2015》。

Source: *China Statistical Yearbook 2015*.

表 4-2　2005—2014 年国内生产总值及单位 GDP 能耗

Table 4-2 GDP and Energy Consumption Intensity

年份 Year	国内生产总值 / 亿元 GDP/100 million CNY	单位 GDP 能耗 /（t 标准煤 / 亿元）Energy Consumption per GDP/ tce per 100 million CNY
2005	185 895.8	1.41
2006	209 478.4	1.37
2007	239 223.2	1.30
2008	262 238.8	1.22
2009	286 459.4	1.17
2010	316 907:9	1.14
2011	346 973.6	1.12
2012	373 855.6	1.08
2013	402 587.6	1.04
2014	431 853.7	0.99

注：1. 2005—2010 年数据来源于《中国统计年鉴 2015》。
　　2. 2011—2014 年数据根据《中国统计年鉴 2015》中相关数据计算得出。
　　3. 2005 年不变价。

Source: *China Statistical Yearbook 2015*.

Note: 2005 constant price GDP.

表 4-3 1990—2014 年全国能源消费总量及构成

Table 4-3 Total Energy Consumption and Composition

年份 Year	能源消费总量 / 万 t 标准煤 Total Energy Consumption/ 10 000 tce	占能源消费总量的比重 /% As Percentage of Primary Energy Consumption /%			
		煤炭 Coal	石油 Oil	天然气 Natural Gas	一次电力及其他能源 Primary Electricity and Other Energy
1990	98 703	76.2	16.6	2.1	5.1
1991	103 783	76.1	17.1	2.0	4.8
1992	109 170	75.7	17.5	1.9	4.9
1993	115 993	74.7	18.2	1.9	5.2
1994	122 737	75.0	17.4	1.9	5.7
1995	131 176	74.6	17.5	1.8	6.1
1996	135 192	73.5	18.7	1.8	6.0
1997	135 909	71.4	20.4	1.8	6.4
1998	136 184	70.9	20.8	1.8	6.5
1999	140 569	70.6	21.5	2.0	5.9
2000	146 964	68.5	22.0	2.2	7.3
2001	155 547	68.0	21.2	2.4	8.4
2002	169 577	68.5	21.0	2.3	8.2
2003	197 083	70.2	20.1	2.3	7.4
2004	230 281	70.2	19.9	2.3	7.6
2005	261 369	72.4	17.8	2.4	7.4
2006	286 467	72.4	17.5	2.7	7.4
2007	311 442	72.5	17.0	3.0	7.5
2008	320 611	71.5	16.7	3.4	8.4
2009	336 126	71.6	16.4	3.5	8.5
2010	360 648	69.2	17.4	4.0	9.4
2011	387 043	70.2	16.8	4.6	8.4
2012	402 138	68.5	17.0	4.8	9.7
2013	416 913	67.4	17.1	5.3	10.2
2014	426 000	66.0	17.1	5.7	11.2

数据来源：《中国统计年鉴 2015》。
Source: *China Statistical Yearbook 2015.*

表 4-4　2005—2014 年中国非化石能源发展趋势

Table 4-4　Status of Non-fossil Fuel Energy

发电 Power Generation		单位 Unit	2005	2010	2014	2014/2005
装机容量 Installed Capacity	水电（含抽蓄） Hydropower(including Pumped Storage)	10 000 kW	11 739	21 606	30 183	2.6
	风力发电（并网） Wind Power(grid)	10 000 kW	127	3 131	9 637	75.9
	太阳能发电（并网） Solar Power(grid)	10 000 kW	7	86	2 805	400.7
	生物质能发电（并网） Biomass Power(grid)	10 000 kW	200	550	1 100	5.5
	地热海洋能发电 Geothermal and Marine Power	10 000 kW	2.5	2.8	3.0	1.2
	核电 Nuclear Power	10 000 kW	685	1 082	1 988	2.9
	合计 Total	10 000 kW	12 760.5	26 457.8	45 716	3.6

发电 Power Generation		单位 Unit	2005	2010	2014	2014/2005
发电量 Power Generation	水电（含抽蓄）Hydropower(including Pumped Storage)	亿kW·h	3 964	6 867	10 661	2.7
	风力发电（并网）Wind Power(grid)	亿kW·h	16	490	1 534	95.9
	太阳能发电（并网）Solar Power(grid)	亿kW·h	0	5	250	
	生物质能发电（并网）Biomass Power(grid)	亿kW·h	52	248	500	9.6
	地热海洋能发电 Geothermal and Marine Power(grid)	亿kW·h	1	1.5	1.5	1.5
	核电 Nuclear Power	亿kW·h	531	747	1 262	2.4
	合计 Total	亿kW·h	4 564	8 358.5	14 208.5	3.1
全国总发电装机 Total Capacity		10 000 kW	51 718	96 641	136 019	2.6
全国总发电量 Power Generation		亿kW·h	24 975	42 278	55 459	2.2
非化石能源发电装机占总发电装机比例 Proportion of Non -fossil Energy Installed Capacity		%	23.0	26.0	33.6	
非化石能源发电量占总发电量比例 Proportion of Non-fossil Energy Power Generation		%	16.1	18.0	25.6	

数据来源：国家统计局和国家能源局。

Source: National Bureau of Statistics and National Energy Administration.

表 4-5 2005—2014 年全国各地区第三产业增加值占 GDP 的比重

Table 4-5 Percentage of Value-added of the Tertiary Industry in GDP

单位：% (%)

地区 Region	2005	2006	2007	2008	2009	2010	2011	2012	2013	2014
全国 China	41.4	41.9	42.9	42.9	44.4	44.2	44.3	45.5	46.9	48.1
北京 Beijing	69.1	70.9	72.1	73.2	75.5	75.1	76.1	76.5	76.9	77.9
天津 Tianjin	41.5	40.2	40.5	37.9	45.3	46.0	46.2	47.0	48.1	49.6
河北 Hebei	33.3	33.8	34.0	33.2	35.2	34.9	34.6	35.3	35.5	37.3
山西 Shanxi	37.4	36.4	35.3	34.2	39.2	37.1	35.2	38.7	40.0	44.5
内蒙古 Inner Mongolia	39.4	37.8	35.7	33.3	38.0	36.1	34.9	35.5	36.5	39.5
辽宁 Liaoning	39.6	38.3	36.6	34.5	38.7	37.1	36.7	38.1	38.7	41.8
吉林 Jilin	39.1	39.5	38.3	38.0	37.9	35.9	34.8	34.8	35.5	36.2
黑龙江 Heilongjiang	33.7	33.7	34.7	34.4	39.3	37.2	36.2	40.5	41.4	45.8
上海 Shanghai	50.5	50.6	52.6	53.7	59.4	57.3	58.0	60.4	62.2	64.8
江苏 Jiangsu	35.4	36.3	37.4	38.1	39.6	41.4	42.4	43.5	44.7	47.0
浙江 Zhejiang	40.0	40.1	40.7	41.0	43.1	43.5	43.9	45.2	46.1	47.8
安徽 Anhui	40.7	40.2	39.0	37.4	36.4	33.9	32.5	32.7	33.0	35.4
福建 Fujian	38.5	39.1	40.0	39.3	41.3	39.7	39.2	39.3	39.1	39.6
江西 Jiangxi	34.8	33.5	31.9	30.9	34.4	33.0	33.5	34.6	35.1	36.8
山东 Shandong	32.0	32.6	33.4	33.4	34.7	36.6	38.3	40.0	41.2	43.5
河南 Henan	30.0	29.8	30.1	28.6	29.3	28.6	29.7	30.9	32.0	37.1

单位：%　　(%)

地区 Region	2005	2006	2007	2008	2009	2010	2011	2012	2013	2014
湖北 Hubei	40.3	40.6	42.1	40.5	39.6	37.9	36.9	36.9	38.1	41.5
湖南 Hunan	40.5	40.8	39.8	37.8	41.4	39.7	38.3	39.0	40.3	42.2
广东 Guangdong	42.9	42.7	43.3	42.9	45.7	45.0	45.3	46.5	47.8	49.0
广西 Guangxi	40.5	39.7	38.4	37.4	37.6	35.4	34.1	35.4	36.0	37.9
海南 Hainan	41.8	39.9	40.7	40.2	45.3	46.2	45.5	46.9	48.3	51.9
重庆 Chongqing	43.9	44.8	42.4	41.0	37.9	36.4	36.2	39.4	41.4	46.8
四川 Sichuan	38.4	37.8	36.5	34.8	36.7	35.1	33.4	34.5	35.3	38.7
贵州 Guizhou	39.6	39.8	41.8	41.3	48.2	47.3	48.8	47.9	46.6	44.6
云南 Yunnan	39.5	38.5	39.1	39.1	40.8	40.0	41.6	41.1	41.8	43.3
西藏 Tibet	55.6	55.0	55.2	55.5	54.6	54.2	53.2	53.9	53.0	53.5
陕西 Shaanxi	37.8	35.3	34.9	32.9	38.5	36.4	34.8	34.7	34.9	37.0
甘肃 Gansu	40.7	39.5	38.4	39.1	40.2	37.3	39.1	40.2	41.0	44.0
青海 Qinghai	39.3	37.5	36.0	34.0	36.9	34.9	32.3	33.0	32.8	37.0
宁夏 Ningxia	41.7	39.6	38.2	36.2	41.7	41.6	41.0	42.0	42.0	43.4
新疆 Xinjiang	35.7	34.7	35.4	33.9	37.1	32.5	34.0	36.0	37.4	40.8

数据来源：《中国统计年鉴》（2006—2015）。
Source: *China Statistical Yearbook* （2006–2015）.

表 4-6 全国各地区林业碳汇相关指标

Table 4-6 Indicators on Forestry Carbon Sinks

	森林覆盖率 /% Forest Coverage Rate/%			森林蓄积量 / 万 m^3 Stock Volume of Forest/10 000 m^3			森林面积 / 万 hm^2 Forest Area/10 000 hectares		
	第六次清查 the 6th Inventory	第七次清查 the 7th Inventory	第八次清查 the 8th Inventory	第六次清查 the 6th Inventory	第七次清查 the 7th Inventory	第八次清查 the 8th Inventory	第六次清查 the 6th Inventory	第七次清查 the 7th Inventory	第八次清查 the 8th Inventory
全国 China	18.21	20.36	21.63	1 245 584.58	1 372 080.36	1 513 729.72	17 490.92	19 545.22	20 768.73
北京 Beijing	21.26	31.72	35.84	840.70	1 038.58	1 425.33	37.88	52.05	58.81
天津 Tianjin	8.14	8.24	9.87	140.35	198.89	374.03	9.35	9.32	11.16
河北 Hebei	17.69	22.29	23.41	6 509.92	8 374.08	10 774.95	328.83	418.33	439.33
山西 Shanxi	13.29	14.12	18.03	6 199.93	7 643.67	9 739.12	208.19	221.11	282.41
内蒙古 Inner Mongolia	17.70	20.00	21.03	110 153.15	117 720.51	134 530.48	2 050.67	2 366.40	2 487.90
辽宁 Liaoning	32.97	35.13	38.24	17 476.57	20 226.85	25 046.29	480.53	511.98	557.31
吉林 Jilin	38.13	38.93	40.38	81 645.51	84 412.29	92 257.37	720.12	736.57	763.87
黑龙江 Heilongjiang	39.54	42.39	43.16	137 502.31	152 104.96	164 487.01	1 797.50	1 926.97	1 962.13
上海 Shanghai	3.17	9.41	10.74	33.24	100.95	186.35	1.89	5.97	6.81
江苏 Jiangsu	7.54	10.48	15.80	2 285.27	3 501.75	6 470.00	77.41	107.51	162.10

	森林覆盖率 /% Forest Coverage Rate/%			森林蓄积量 / 万 m^3 Stock Volume of Forest/10 000 m^3			森林面积 / 万 hm^2 Forest Area/10 000 hectares		
	第六次清查 the 6th Inventory	第七次清查 the 7th Inventory	第八次清查 the 8th Inventory	第六次清查 the 6th Inventory	第七次清查 the 7th Inventory	第八次清查 the 8th Inventory	第六次清查 the 6th Inventory	第七次清查 the 7th Inventory	第八次清查 the 8th Inventory
浙江 Zhejiang	54.41	57.41	59.07	11 535.35	17 223.14	21 679.75	553.92	584.42	601.36
安徽 Anhui	24.03	26.06	27.53	10 371.90	13 755.41	18 074.85	331.99	360.07	380.42
福建 Fujian	62.96	63.10	65.95	44 357.36	48 436.28	60 796.15	764.94	766.65	801.27
江西 Jiangxi	55.86	58.32	60.01	32 505.20	39 529.64	40 840.62	931.39	973.63	1 001.81
山东 Shandong	13.44	16.72	16.73	3 201.65	6 338.53	8 919.79	204.64	254.46	254.60
河南 Henan	16.19	20.16	21.50	8 404.64	12 936.12	17 094.56	270.30	336.59	359.07
湖北 Hubei	26.77	31.14	38.40	15 406.64	20 942.49	28 652.97	497.55	578.82	713.86
湖南 Hunan	40.63	44.76	47.77	26 534.46	34 906.67	33 099.27	860.79	948.17	1 011.94
广东 Guangdong	46.49	49.44	51.26	28 365.63	30 183.37	35 682.71	827.00	873.98	906.13
广西 Guangxi	41.41	52.71	56.51	36 477.26	46 875.18	50 936.80	983.83	1 252.50	1 342.70
海南 Hainan	48.87	51.98	55.38	7 195.16	7 274.23	8 903.83	166.66	176.26	187.77
重庆 Chongqing	22.25	34.85	38.43	8 441.08	11 331.85	14 651.76	183.18	286.92	316.44

	森林覆盖率 /% Forest Coverage Rate/%			森林蓄积量 / 万 m^3 Stock Volume of Forest/10 000 m^3			森林面积 / 万 hm^2 Forest Area/10 000 hectares		
	第六次清查 the 6th Inventory	第七次清查 the 7th Inventory	第八次清查 the 8th Inventory	第六次清查 the 6th Inventory	第七次清查 the 7th Inventory	第八次清查 the 8th Inventory	第六次清查 the 6th Inventory	第七次清查 the 7th Inventory	第八次清查 the 8th Inventory
四川 Sichuan	30.27	34.31	35.22	149 543.36	159 572.37	168 000.04	1 464.34	1 659.52	1 703.74
贵州 Guizhou	23.83	31.61	37.09	17 795.72	24 007.96	30 076.43	420.47	556.92	653.35
云南 Yunnan	40.77	47.50	50.03	139 929.16	155 380.09	169 309.19	1 560.03	1 817.73	1 914.19
西藏 Tibet	11.31	11.91	11.98	226 606.41	224 550.91	226 207.05	1 389.61	1 462.65	1 471.56
陕西 Shaanxi	32.55	37.26	41.42	30 775.77	33 820.54	39 592.52	670.39	767.56	853.24
甘肃 Gansu	6.66	10.42	11.28	17 504.33	19 363.83	21 453.97	299.63	468.78	507.45
青海 Qinghai	4.40	4.57	5.63	3 592.62	3 915.64	4 331.21	317.20	329.56	406.39
宁夏 Ningxia	6.08	9.84	11.89	392.85	492.14	660.33	40.36	51.10	61.80
新疆 Xinjiang	2.94	4.02	4.24	28 039.68	30 100.54	33 654.09	484.07	661.65	698.25

数据来源：国家林业局第六次全国森林资源清查结果 (1999—2003 年)、第七次全国森林资源清查结果 (2004—2008 年) 和第八次全国森林资源清查结果 (2009—2013 年)。

Source: The Sixth (1999–2003), Seventh(2004–2008), Eighth(2009–2013) National Forest Resource Inventory, National Forestry Bureau.

表 4-7　2005—2014 年全国主要城市工业固体废物综合利用率

Table 4-7 Utilization Rate of Industrial Solid Waste in Major Cities

单位：%　　(%)

城市 City	2005	2006	2007	2008	2009	2010	2011	2012	2013	2014
北京 Beijing	67.9	74.6	74.8	66.4	68.9	65.8	66.5	79.0	86.6	87.7
天津 Tianjin	98.3	98.4	98.4	98.2	98.3	98.6	99.8	99.8	99.4	99.4
石家庄 Shijiazhuang	91.8	95.8	95.5	90.8	92.5	93.4	99.8	97.9	98.4	98.6
太原 Taiyuan	44.6	50.6	42.1	47.4	48.6	52.3	53.0	53.8	54.5	55.3
呼和浩特 Hohhot	36.1	44.2	32.6	38.1	64.6	38.7	40.2	35.7	46.6	39.6
沈阳 Shenyang	69.3	91.9	91.2	92.3	17.9	95.7	93.8	94.9	92.7	94.5
长春 Changchun	98.9	99.0	99.4	99.4	76.3	99.6	99.4	99.8	99.7	99.9
哈尔滨 Harbin	74.5	63.9	71.0	74.8	71.0	89.7	91.8	100.3	93.9	98.1
上海 Shanghai	96.3	94.7	94.2	95.5	98.6	96.2	96.6	97.3	97.1	97.5
南京 Nanjing	87.9	88.5	91.2	92.4	99.3	88.8	85.5	69.7	91.6	91.9

单位：%　　　　(%)

城市 City	2005	2006	2007	2008	2009	2010	2011	2012	2013	2014
杭州 Hangzhou	93.9	94.3	95.1	95.1	93.9	94.1	92.7	92.8	94.2	91.2
合肥 Hefei	98.8	99.9	99.5	99.2	60.4	98.8	93.9	94.0	93.3	93.0
福州 Fuzhou	92.6	95.9	93.6	96.0	94.4	80.4	89.8	89.9	94.3	96.0
南昌 Nanchang	88.1	90.5	87.6	90.5	93.9	93.6	98.3	98.7	97.7	95.9
济南 Jinan	94.7	93.7	93.8	94.4	89.2	97.5	99.2	99.8	98.7	99.7
郑州 Zhengzhou	67.6	66.4	60.8	78.1	35.2	83.0	73.5	76.0	73.5	73.4
武汉 Wuhan	85.4	88.1	88.1	89.6	99.9	98.6	99.6	98.8	101.7	91.4
长沙 Changsha	88.1	90.3	93.0	88.6	95.6	99.7	98.4	91.5	86.4	85.5
广州 Guangzhou	91.2	91.1	91.0	91.2	90.1	89.8	94.9	95.8	95.2	94.5
南宁 Nanning	80.5	82.4	80.7	90.2	97.1	94.0	90.6	91.5	94.8	96.0
海口 Haikou	94.5	99.0	93.0	94.7	79.8	97.0	90.2	91.7	93.6	77.2

单位：% (%)

城市 City	2005	2006	2007	2008	2009	2010	2011	2012	2013	2014
重庆 Chongqing	72.1	73.8	76.7	79.[illegible]	20.0	80.2	78.4	82.5	85.3	86.3
成都 Chengdu	94.5	97.6	97.9	98.3	74.8	99.6	98.8	98.7	98.5	97.4
贵阳 Guiyang	43.7	48.4	53.3	46.3	39.9	56.2	56.4	59.1	46.7	49.8
昆明 Kunming	39.4	37.8	35.4	39.7	18.7	41.3	45.9	45.2	42.6	37.2
拉萨 Lhasa	—	—	3.0	5.2	81.1	1.3	3.1	1.9	2.0	2.8
西安 Xi’an	88.1	88.7	88.5	97.8	29.5	98.1	97.6	96.3	95.8	93.5
兰州 Lanzhou	96.9	70.3	81.9	78.[illegible]	22.8	78.9	92.8	99.3	97.4	98.5
西宁 Xining	48.7	46.2	67.7	73.8	91.9	83.6	98.3	101.3	103.3	101.7
银川 Yinchuan	94.8	95.0	96.0	88.6	90.8	75.4	83.8	81.2	84.8	79.4
乌鲁木齐 Urumqi	68.5	66.2	55.0	67.3	65.3	68.2	80.9	89.1	87.6	93.7

数据来源：《中国统计年鉴》（2006—2015）。
Source: *China Statistical Yearbook*（2006–2015）.

表 4-8　2011—2014 年全国能耗强度和二氧化碳排放强度下降目标及完成情况

Table 4-8　Reduction Targets and Implementation Status of Energy Consumption per GDP and CO_2 Emissions per GDP

年份 Year	单位 GDP 能耗下降率 /% Reduction in Energy Consumption per GDP/%	单位 GDP 二氧化碳排放下降率 /% Reduction in CO_2 Emissions per GDP/%
"十二五" 目标 Target of 12th FYP	16	17
2011	2.0	1.0
2012	3.6	5.1
2013	3.7	4.6
2014	4.8	6.1
2014 年相对于 2010 年 2014 over 2010	13.3	15.8

注：单位 GDP 二氧化碳排放下降率为国家气候战略中心初步估算数。

Note: Reduction of CO_2 Emissions per GDP was preliminarily estimated by NCSC.

表 4-9 2011 年省、直辖市、自治区万元地区生产总值能耗降低率等指标

Table 4-9 Intensity Indicators on Energy Consumption by Region in 2011

地区 Region	万元地区生产总值能耗 Energy Consumption per GDP		万元工业增加值能耗 Energy Consumption per Unit of Industrial Value-added	万元地区生产总值电耗 Electricity Consumption per GDP
	指标值 /（t 标准煤 / 万元） value/tce per 10 000 CNY	同比变化 /% Change over 2010/%	同比变化 /% Change over 2010/%	同比变化 /% Change over 2010/%
北京 Beijing	0.459	-6.94	-18.50	-6.10
天津 Tianjin	0.708	-4.28	-7.48	-7.48
河北 Hebei	1.300	-3.69	-6.68	-0.36
山西 Shanxi	1.762	-3.55	-5.82	0.03
内蒙古 Inner Mongolia	1.405	-2.51	-4.39	4.38
辽宁 Liaoning	1.096	-3.40	-5.02	-3.15
吉林 Jilin	0.923	-3.59	-4.19	-3.90
黑龙江 Heilongjiang	1.042	-3.50	-5.17	-4.43
上海 Shanghai	0.618	-5.32	-7.33	-4.42
江苏 Jiangsu	0.600	-3.52	-5.41	-0.14
浙江 Zhejiang	0.590	-3.07	-2.40	1.41
安徽 Anhui	0.754	-4.06	-9.54	-0.15
福建 Fujian	0.644	-3.29	-1.16	2.73
江西 Jiangxi	0.651	-3.08	-6.87	2.30
山东 Shandong	0.855	-3.77	-7.67	-0.58
河南 Henan	0.895	-3.57	-8.60	1.27

地区 Region	万元地区生产总值能耗 Energy Consumption per GDP		万元工业增加值能耗 Energy Consumption per Unit of Industrial Value-added	万元地区生产总值电耗 Electricity Consumption per GDP
	指标值 /（t 标准煤 / 万元） value/tce per 10 000 CNY	同比变化 /% Change over 2010/%	同比变化 /% Change over 2010/%	同比变化 /% Change over 2010/%
湖北 Hubei	0.912	-3.79	-6.88	-4.20
湖南 Hunan	0.894	-3.68	-8.61	-2.10
广东 Guangdong	0.563	-3.78	-5.13	-1.46
广西 Guangxi	0.800	-3.36	-6.13	-0.28
海南 Hainan	0.692	5.23	12.53	3.94
重庆 Chongqing	0.953	-3.81	-5.31	-1.63
四川 Sichuan	0.997	-4.23	-7.78	-1.87
贵州 Guizhou	1.714	-3.51	-8.02	-1.70
云南 Yunnan	1.162	-3.22	-9.92	5.47
西藏 Tibet	—	—	—	—
陕西 Shaanxi	0.846	-3.56	-5.60	0.38
甘肃 Gansu	1.402	-2.51	-1.96	2.07
青海 Qinghai	2.081	9.44	9.62	6.24
宁夏 Ningxia	2.279	4.60	14.72	18.36
新疆 Xinjiang	1.631	6.96	9.28	14.69

数据来源：国家统计局。
注：1.“—”代表暂无数据。
Source：National Bureau of Statistics.
Note：“—” means not available.

表 4-10 2014 年省、直辖市、自治区万元地区生产总值能耗降低率等指标

Table 4-10 Intensity Indicators on Energy Consumption by Region in 2014

地区 Region	万元地区生产总值能耗 Energy Consumption per GDP 同比变化 /% Change over 2013/%	万元工业增加值能耗 Energy Consumption per Unit of Industrial Value-added 同比变化 /% Change over 2013/%	万元地区生产总值电耗 Electricity Consumption per GDP 同比变化 /% Change over 2013/%
北京 Beijing	-5.29	-10.90	-4.34
天津 Tianjin	-6.04	-10.90	-6.76
河北 Hebei	-7.19	-8.71	-4.29
山西 Shanxi	-4.18	-5.24	-5.17
内蒙古 Inner Mongolia	-3.94	-7.39	2.75
辽宁 Liaoning	-5.08	-6.11	-4.02
吉林 Jilin	-7.05	-7.80	-4.12
黑龙江 Heilongjiang	-4.50	-7.57	-3.71
上海 Shanghai	-8.71	-7.63	-9.30
江苏 Jiangsu	-5.92	-8.07	-6.97
浙江 Zhejiang	-6.11	-8.17	-5.60
安徽 Anhui	-5.97	-8.40	-5.00
福建 Fujian	-1.53	-1.01	-0.71
江西 Jiangxi	-3.16	-9.92	-1.97
山东 Shandong	-5.00	-7.22	-4.84
河南 Henan	-4.06	-11.29	-7.53

地区 Region	万元地区生产总值能耗 Energy Consumption per GDP 同比变化 /% Change over 2013/%	万元工业增加值能耗 Energy Consumption per Unit of Industrial Value-added 同比变化 /% Change over 2013/%	万元地区生产总值电耗 Electricity Consumption per GDP 同比变化 /% Change over 2013/%
湖北 Hubei	-5.24	-8.42	-7.33
湖南 Hunan	-6.24	-11.90	-8.22
广东 Guangdong	-3.56	-9.25	0.59
广西 Guangxi	-3.71	-9.33	-2.64
海南 Hainan	-2.50	-4.28	-0.55
重庆 Chongqing	-3.74	-8.00	-3.85
四川 Sichuan	-4.64	-8.03	-4.72
贵州 Guizhou	-5.78	-13.39	-5.90
云南 Yunnan	-3.98	-12.27	-3.08
西藏 Tibet	—	—	—
陕西 Shaanxi	-3.58	-5.18	-3.00
甘肃 Gansu	-5.21	-7.02	-6.26
青海 Qinghai	-2.97	-7.19	-2.05
宁夏 Ningxia	-4.20	-5.06	-3.12
新疆 Xinjiang	-0.42	2.31	11.85

数据来源：国家统计局。
注："—" 代表暂无数据。
Source: National Bureau of Statistics.
Note: "—" means not available.

表 4-11 各地区“十二五”能耗强度目标及最近两年目标完成情况

Table 4-11 Reduction Target and Implementation Status of Energy Consumption per GDP by Region

地区 Region	单位国内生产总值能源消耗下降 /% Reduction in Energy Consumption per GDP/%	2013 年度节能目标责任评价考核结果 Performance Evaluation in 2013	2014 年度节能目标责任评价考核结果 Performance Evaluation in 2014
北京 Beijing	17	超额完成 Completed(Excellent)	超额完成 Completed(Excellent)
天津 Tianjin	18	完成 Completed(Good)	完成 Completed(Good)
河北 Hebei	17	超额完成 Completed(Excellent)	超额完成 Completed(Excellent)
山西 Shanxi	16	完成 Completed(Good)	完成 Completed(Good)
内蒙古 Inner Mongolia	15	完成 Completed(Good)	完成 Completed(Good)
辽宁 Liaoning	17	完成 Completed(Good)	完成 Completed(Good)
吉林 Jilin	16	完成 Completed(Good)	完成 Completed(Good)
黑龙江 Heilongjiang	16	完成 Completed(Good)	完成 Completed(Good)
上海 Shanghai	18	超额完成 Completed(Excellent)	超额完成 Completed(Excellent)
江苏 Jiangsu	18	完成 Completed(Good)	超额完成 Completed(Excellent)
浙江 Zhejiang	18	完成 Completed(Good)	超额完成 Completed(Excellent)
安徽 Anhui	16	基本完成 Completed	完成 Completed(Good)

地区 Region	单位国内生产总值能源消耗下降 /% Reduction in Energy Consumption per GDP/%	2013 年度节能目标责任评价考核结果 Performance Evaluation in 2013	2014 年度节能目标责任评价考核结果 Performance Evaluation in 2014
福建 Fujian	16	完成 Completed(Good)	完成 Completed(Good)
江西 Jiangxi	16	完成 Completed(Good)	完成 Completed(Good)
山东 Shandong	17	完成 Completed(Good)	完成 Completed(Good)
河南 Henan	16	完成 Completed(Good)	完成 Completed(Good)
湖北 Hubei	16	完成 Completed(Good)	完成 Completed(Good)
湖南 Hunan	16	完成 Completed(Good)	完成 Completed(Good)
广东 Guangdong	18	完成 Completed(Good)	完成 Completed(Good)
广西 Guangxi	15	完成 Completed(Good)	完成 Completed(Good)
海南 Hainan	10	基本完成 Completed	完成 Completed(Good)
重庆 Chongqing	16	基本完成 Completed	完成 Completed(Good)
四川 Sichuan	16	完成 Completed(Good)	完成 Completed(Good)
贵州 Guizhou	15	完成 Completed(Good)	完成 Completed(Good)
云南 Yunnan	15	完成 Completed(Good)	完成 Completed(Good)

地区 Region	单位国内生产总值能源消耗下降 /% Reduction in Energy Consumption per GDP/%	2013 年度节能目标责任评价考核结果 Performance Evaluation in 2013	2014 年度节能目标责任评价考核结果 Performance Evaluation in 2014
西藏 Tibet	10	完成 Completed(Good)	完成 Completed(Good)
陕西 Shaanxi	16	完成 Completed(Good)	完成 Completed(Good)
甘肃 Gansu	15	完成 Completed(Good)	完成 Completed(Good)
青海 Qinghai	10	基本完成 Completed	基本完成 Completed
宁夏 Ningxia	15	基本完成 Completed	完成 Completed(Good)
新疆 Xinjiang	10	未完成 Not Completed	基本完成 Completed

数据来源：《“十二五”节能减排综合性工作方案》、中华人民共和国国家发展和改革委员会公告（2015 年第 20 号）和中华人民共和国国家发展和改革委员会公告（2014 年第 9 号）。

Source：National Development and Reform Commission.

表 4-12 各地区"十二五"碳强度下降目标及最近两年目标完成情况

Table 4-12 Reduction Target and Implementation Status of CO_2 Emissions per GDP by Region

地区 Region	单位国内生产总值二氧化碳排放下降 /% Reduction Target of CO_2 Emissions per GDP/%	2013 年度单位国内生产总值二氧化碳排放降低目标责任考核评估结果 Performance Evaluation in 2013	2014 年度单位国内生产总值二氧化碳排放降低目标责任考核评估结果 Performance Evaluation in 2014
北京 Beijing	18	优秀 Excellent	优秀 Excellent
天津 Tianjin	19	优秀 Excellent	优秀 Excellent
河北 Hebei	18	优秀 Excellent	优秀 Excellent
山西 Shanxi	17	优秀 Excellent	优秀 Excellent
内蒙古 Inner Mongolia	16	优秀 Excellent	优秀 Excellent
辽宁 Liaoning	18	优秀 Excellent	优秀 Excellent
吉林 Jilin	17	优秀 Excellent	优秀 Excellent
黑龙江 Heilongjiang	16	良好 Good	良好 Good
上海 Shanghai	19	优秀 Excellent	优秀 Excellent
江苏 Jiangsu	19	优秀 Excellent	优秀 Excellent
浙江 Zhejiang	19	优秀 Excellent	优秀 Excellent
安徽 Anhui	17	优秀 Excellent	优秀 Excellent
福建 Fujian	17.5	优秀 Excellent	良好 Good
江西 Jiangxi	17	良好 Good	良好 Good
山东 Shandong	18	优秀 Excellent	良好 Good
河南 Henan	17	良好 Good	良好 Good

地区 Region	单位国内生产总值二氧化碳排放下降 /% Reduction Target of CO_2 Emissions per GDP/%	2013 年度单位国内生产总值二氧化碳排放降低目标责任考核评估结果 Performance Evaluation in 2013	2014 年度单位国内生产总值二氧化碳排放降低目标责任考核评估结果 Performance Evaluation in 2014
湖北 Hubei	17	优秀 Excellent	优秀 Excellent
湖南 Hunan	17	良好 Good	良好 Good
广东 Guangdong	19.5	优秀 Excellent	优秀 Excellent
广西 Guangxi	16	不合格 Not Passed	优秀 Excellent
海南 Hainan	11	良好 Good	良好 Good
重庆 Chongqing	17	优秀 Excellent	优秀 Excellent
四川 Sichuan	17.5	优秀 Excellent	优秀 Excellent
贵州 Guizhou	16	良好 Good	优秀 Excellent
云南 Yunnan	16.5	优秀 Excellent	优秀 Excellent
西藏 Tibet	10	合格 Passed	合格 Passed
陕西 Shaanxi	17	优秀 Excellent	优秀 Excellent
甘肃 Gansu	16	良好 Good	良好 Good
青海 Qinghai	10	不合格 Not Passed	良好 Good
宁夏 Ningxia	16	合格 Passed	良好 Good
新疆 Xinjiang	11	不合格 Not Passed	合格 Passed

数据来源：《“十二五”控制温室气体排放工作方案》《国家发展改革委办公厅关于2014 年度各省（区、市）单位地区生产总值二氧化碳排放降低目标责任考核评估结果的通知》《国家发展改革委关于 2013 年度各地区单位地区生产总值二氧化碳排放降低目标责任考核评估结果的通知》。

Source：National Development and Reform Commission.

表 4-13 各地区低碳产品认证情况

Table 4-13 Low Carbon Product Certifications by Region

地区 Region	认证产品种类 Product Category	证书量 / 张 Quantity of the Product Certifications
广东 Guangdong	铝合金、电动机 Aluminum alloy, Motor	51
山东 Shandong	电动机、铝合金 Motor, Aluminum alloy	16
上海 Shanghai	电动机 Motor	6
安徽 Anhui	电动机 Motor	6
重庆 Chongqing	水泥、玻璃、电动机 Cement, Glass, Motor	14
云南 Yunnan	水泥 Cement	3
湖北 Hubei	水泥、玻璃 Cement, Glass	2
福建 Fujian	电动机 Motor	8
北京、河北 Beijing，Hebei	水泥、玻璃 Cement, Glass	12
共计 Total		118

数据来源：中国质量认证中心。
注：数据截至 2015 年 6 月。
Source：China Quality Certification Center.
Note：Data as of June 2015.

表 4-14 1990—2013 年我国主要高耗能产品单位能耗

Table 4-14 Energy Consumption for Major Energy-intensive Products

	1990	1995	2000	2005	2010	2011	2012	2013
火电厂发电煤耗 /[g 标准煤 / (kW · h)] Gross Coal Consumption Rate for Fossil-fired Power Plant/[gce/ (kW · h)]	392	379	363	343	312	308	305	302
火电厂供电煤耗 /[(g 标准煤 / (kW · h)] Net Coal Consumption Rate for Fossil-fired Power Plant/[gce/ (kW · h)]	427	412	392	370	333	329	325	327
钢可比能耗 /(kg 标准煤 /t) Comparable Energy Consumption for Steel/[kgce/tonne)	997	976	784	732	681	675	674	662
电解铝交流电耗 /(kW · h/t) Alternating Power Consumption for Electrolytic Aluminium/ (kW · h/tonne)	17 100	16 620	15 418	14 575	13 979	13 913	13 844	13 740
水泥综合能耗 /(kg 标准煤 /t) Fully Energy Consumption for Cement/ (kgce/tonne)	201	199	172	149	134	129	127	125
乙烯综合能耗 /(kg 标准煤 /t) Fully energy consumption for Ethylene/ (kgce/tonne)	1 580	—	1 125	1 073	950	895	893	879
合成氨综合能耗 /(kg 标准煤 /t) Fully Energy Consumption For Synthetic Ammonia/ (kgce/tonne)	2 035	1 849	1 699	1 650	1 587	1 568	1 552	1 532
纸和纸板综合能耗 /(kg 标准煤 /t) Fully Energy Consumption For Paper and Paperboard/ (kgce/tonne)	1 550	—	1 540	1 380	1200	1 170	1 120	1 114

数据来源：《中国能源统计年鉴 2014》。

注：“—”表示无数据。

Source: *China Energy Statistics Yearbook 2014.*

Note: “—” means not available.

表 4-15　2010—2014 年我国淘汰落后产能情况

Table 4-15 Elimination of Backward Production Capacities

年份 Year	火电机组 / 万 kW Thermal Power Generation/ 10 000 kW	炼钢产能 / 万 t Steel Production/ 10 000 tonnes	水泥（熟料及粉磨能力）/ 万 t Cement (Clinker and Grinding) / 10 000 tonnes	平板玻璃 / 万重量箱 Plate Glass/ 10 000 cases	炼铁 / 万 t Ironmaking /10 000 tonnes	焦炭 / 万 t Coke/ 10 000 tonnes	造纸 / 万 t Papermaking/ 10 000 tonnes
2010	7 682	7 200	37 000	4 500	12 000	10 700	1 130
2011	800	2 846	15 500	3 041	3 192	2 006	830
2012	—	937	25 829	5 856	1 078	2 493	1 057
2013	447	884	10 578	2 800	618	—	—
2014	485.8	3110	8 700	3 760	—	—	—

数据来源：《中国应对气候变化的政策与行动》（2011—2015）。
注："—" 表示无数据。

Source: *China's Policies and Actions on Climate Change*(2011—2015).

Note: "—" means not available.

5

碳排放权交易试点情况

Carbon Emissions Control and Trading in ETS Pilot Regions

表 5-1 各试点地区碳交易政府规章制度及技术指南规范

	政策法规体系	技术指南或标准	核查机构 / 家
北京	市人大决定 (2013 年 12 月) 碳交易管理办法 (2014 年 5 月)	《北京市企业 (单位) 二氧化碳排放核算和报告指南》 《北京市碳排放报告第三方核查程序指南》 《北京市碳排放第三方核查报告编写指南》 《北京市碳排放交易核查机构管理办法》	19
天津	碳交易管理办法 (2013 年 12 月)	《天津市碳排放核算指南》(5 个行业) 《天津市企业碳排放报告编制指南》 《天津市碳排放配额登记注册系统操作指南》	4
上海	碳交易管理办法 (2013 年 11 月)	《上海市温室气体排放核算与报告指南》(通则 +9 个行业) 《上海市碳排放核查第三方机构管理办法》	10
湖北	碳交易管理办法 (2014 年 4 月)	《湖北省工业企业温室气体排放检测、量化和报告指南》(通则 +11 个行业) 《湖北省温室气体排放核查指南》	1
广东	碳交易管理办法 (2014 年 1 月)	《广东省企业 (单位) 二氧化碳排放信息报告指南》(通则 +4 个行业) 《广东省企业碳排放信息报告与核查实施细则》	16
重庆	市人大决定草案 (2014 年 4 月) 碳交易管理办法 (2014 年 5 月)	《重庆市工业企业碳排放核算和报告指南》 《重庆市工业企业碳排放核算报告和核查细则》 《重庆市企业碳排放核查工作规范》	11
深圳	市人大决定 (2012 年 10 月) 碳交易管理办法 (2014 年 3 月)	《组织的温室气体排放量化和报告规范及指南》 《组织的温室气体排放核查规范及指南》	21

数据来源：各碳交易试点省市发展改革委。

Table 5-1 Regulations and Technical Guidelines in Pilot Regions

	Policies & Legislations	Technical Guidelines and Standards	Number of Verification Agencies
Beijing	Municipal People's Congress Decision(December,2013) Carbon Emissions Trading Regulation(May,2014)	Guidelines on Carbon Dioxide Emission Accounting and Reporting of Beijing Enterprises Guidelines on Third-Party Verification Procedures of Beijing Carbon Emission Reports Guidelines on Verification Reports of Beijing Carbon Emission Regulations on Verification Agencies of Beijing Carbon Emission Trading	19
Tianjin	Carbon Emissions Trading Regulation (December,2013)	Guidelines on GHG Emissions Accounting of Tianjin(5 industries) Guidelines on GHG Emissions Reports of Tianjin Enterprises Handbook on Tianjin ETS Allowances Registration System	4
Shanghai	Carbon Emissions Trading Regulation (November,2013)	Guidelines on GHG Emissions Accounting and Reporting of Shanghai (1 general and 9 industries guidelines) Regulation on Third-Party Verification Agencies of Shanghai ETS	10
Hubei	Carbon Emissions Trading Regulation (April,2014)	Guidelines on GHG Emissions Monitoring,Measuring and Reporting of Hubei Industrial Enterprises (1 general and 11 industries guidelines) Guidelines on GHG Emissions Verification Regulation on Third-Party Verification Agencies of Hubei	1

	Policies & Legislations	Technical Guidelines and Standards	Number of Verification Agencies
Guangdong	Carbon Emissions Trading Regulation (January,2014)	Guidelines on Carbon Dioxide Emissions Reports of Guangdong Enterprises(1 general and 4 industries guidelines) Reports and verification of carbon Emissions of Guangdong Enterprises	16
Chongqing	Municipal People's Congress Draft Decision(April,2014) Carbon Emissions Trading Regulation(May,2014)	Guidelines on Carbon Emissions Accounting and Reporting of Chongqing Industrial Enterprises Rules for Carbon Emissions Accouting,Reporting and Verification of Chongqing Industrial Enterprises Specification of Carbon Emissions Verification of Chongqing Industrial Enterprises	11
Shenzhen	Municipal People's Congress Decision(October,2012) Carbon Emissions Trading Regulation(March,2014)	Regulation and Guidelines on GHG Emissions Measuring and Reporting of Organizations Regulation and Guidelines on GHG Emissions Verification of Organizations Special Requirements on GHG Emissions Accounting and Reporting for Buildings	21

Source: Development and Reform Commissions in ETS pilot regions.

表 5-2　各试点地区碳交易纳入管控的行业和企业情况

	纳入管控的排放量占辖区排放比例	纳入管控的行业与企业	门槛
北京	约 40%	电力热力、水泥、石化、其他工业企业、服务业，551 家企事业单位和国家机关	1 万 t CO_2eq（2009—2012 年排放均值）
天津	50%~60%	钢铁、化工、电力热力、石化、油气开采等五大重点排放行业，114 家企业	2 万 t CO_2eq（2009 年以来排放均值）
上海	约 40%	钢铁、石化、化工、有色、电力、建材、纺织、造纸、橡胶、化纤等工业行业以及航空、港口、机场、铁路、商业、宾馆、金融等非工业行业，191 家企业	工业行业：2 万 t CO_2eq（2010—2011 年排放均值） 非工业行业：1 万 t CO_2eq（2010—2011 年排放均值）
湖北	约 40%	电力、钢铁、水泥、化工、石化、汽车及其他设备制造、有色金属和其他金属制品、玻璃及其他建材、化纤、造纸、医药、食品饮料等 12 个行业，138 家企业	6 万 t 标准煤（2010—2011 年排放均值）
广东	约 50%	电力、钢铁、石化和水泥，202 家企业 +40 家新建项目企业（2013 年）; 电力、钢铁、石化和水泥，193 家企业 +18 家新建项目企业（2014 年）	2 万 t CO_2eq（2008—2012 年排放均值）
重庆	约 40%	电力、冶金、化工、建材等行业，254 家企业	2 万 t CO_2eq（2008—2012 年排放均值）
深圳	约 40%	能源生产、加工转换行业和工业（制造）26 个行业和公共建筑，635 家企业 +200 栋大型公建	工业行业：3 000 t CO_2eq 大型公共建筑和国家机关办公建筑：10 000 m^2

数据来源：各碳交易试点省市发展改革委。

Table 5-2 Industries and Enterprises Under-control in Pilot Regions

	Share of Emissions Under-control	Industries and enterprises under-control	Thresholds
Beijing	Approximate 40%	Power/heat,cement,petrochemicals,other Industries,service,551 enterprises(units) and government agencies	10 000 tonnes CO_2 eq (Annual average emission form 2009 to 2012)
Tianjin	Approximate 50%~60%	Iron and steel,chemicals,power/heat,petrochemicals and oil&gas exploration,114 enterprises	20 000 tonnes CO_2eq (Annual average emission since 2009)
Shanghai	Approximate 40%	Iron and steel, petrochemicals, chemicals,nonferrous metals,electric power,building materials,textiles, paper,rubber,chemical fiber and other Industries as well as aviation,ports,airports,railways,commerce, hotels,finance and other Non-industrial.industries, 191 enterprises	Industries:20 000 tonnes CO_2eq (Annual average emission of 2010 and 2011) non-Industries: 10 000 tonnes CO_2eq (Annual average emission of 2010 and 2011)
Hubei	Approximate 40%	Power, Iron and steel, cement, chemicals, petrochemicals, automotive and other equipment manufacturing,non-ferrous and other metal products,glass and other building materials,chemical fiber,paper,pharmaceutical,food and beverage,138 enterprises	60 000 tce (Annual average emission of 2010 and 2011)

	Share of Emissions Under-control	Industries and enterprises under-control	Thresholds
Guangdong	Approximate 50%	Power, iron and steel, petrochemicals and cement,202 enterprises and 40 new enterprises(2013); Power, iron and steel, petrochemicals and cement,193 enterprises and 18 new enterprises(2014)	20 000 tonnes CO_2eq (Annual Average Emission from 2008 to 2012)
Chongqing	Approximate 40%	Power,metallurgy,chemicals,building materials and other industries,254 enterprises	20 000 tonnes CO_2eq (Annual Average Emission from 2008 to 2012)
Shenzhen	Approximate 40%	Energy production, processing and conversion industry,manufacturing,26 industries and public buildings,635 enterprises and 200 public buildings	Industries:3 000 tonnes CO_2eq Public Buildings and Government Office Buildings:10 000 m^2

Source: Development and Reform Commissions in ETS pilot regions.

表 5-3　各试点地区不同行业企业配额分配方法

	既有设施		新增设施	控排系数特点	拍卖	免费
	历史法	历史强度法 / 基准线法				
北京	制造业和其他行业	电力 / 热力（历史强度法）	先进值法	逐年下降	暂无	逐年分配
天津	钢铁 / 化工 / 石化 / 油气开采	电力 / 热力（历史强度）	先进值法	企业绩效年下降系数	暂无	逐年分配
上海	工业；宾馆、商场、商业办公建筑（不包括大型公建）	电力、机场、港口（基准线法）	根据项目基础配额、生产负荷率及生产时间确定	先期减排配额（节能量换算后再乘以 30%）、电力行业的负荷修正系数	6 月 30 日拍卖 7 220 t	一次性发放三年配额
湖北	电力行业之外的工业企业	电力行业 50% 以内采用历史法，超出 50% 的部分用标杆法		2010 年排放的 97%，计算得出控排系数	政府预留 30% 配额拍卖；3 月 31 日拍卖 200 万 t	逐年分配

	既有设施		新增设施	控排系数特点	拍卖	免费
	历史法	历史强度法 / 基准线法				
广东	电力行业的热电联产机组、水泥行业的矿山开采工序和其他粉末工序、石化行业的石油加工和乙烯生产、钢铁行业的短流程钢铁生产	电力行业的纯发电机组、水泥行业的水泥粉磨工序和熟料生产工序、钢铁行业的长流程钢铁生产（基准线法）	将新建规模以上项目纳入碳排放交易体系	年下降系数、行业景气因子	电力行业 5%，其他行业 3%，计划拍卖 800 万 t（2014 年）	逐年分配
重庆	企业报数与政府分配博弈，申报量有 8% 的上浮空间				暂无	逐年分配
深圳		建筑和工业的单一产品行业采用基准线法；制造业采取竞争性博弈，根据与行业平均碳强度的比较确定碳强度下降目标		通过博弈法降低整个行业的碳强度	6 月 6 日拍卖 7.5 万 t	逐年分配

数据来源：各碳交易试点省市发展改革委。

Table 5-3 Allowances Allocation Methods for Diffe-ent ndustries in Pilot Regions

	Existing facilities					
	Grandfathering method	Grand fathering Intensity method/ benchmark method	New faclities	Controlled coefficient characteristics	auction	Free allocation
Beijing	Manufacturing and other Industries	Power/heat (Grand fathering intensity method)	Advanced emission value(ntensity) of Industry	Decreased annually	N/A	Allocated annually
Tianjin	Iron and steel/ Chemicals/ petrochemical/oil&gas exploration	Power/heat (Grand fathering intensity method)	Advanced emission value(ntensity) of Industry	Enterprise performance, declined coefficient	N/A	Allocated annually
Shang hai	Industry;hotels, shopping malls, commercial office buildings (excluding large public buildings)	Electric power, airports, ports (Benchmark method)	Determined by project basis allowances, production load rate and time length	Early emission reduction quota (energy saving multiplied by 30%), electricity load correction coefficient of electric power Industry	Auction 7 220 tonnes on 30th june, 2014	One-time allocating allowance of three years
Hubei	Industries apart from power Industry	First half of emissions from power industry is allocated using grandfathering method;second half of emissions using benchmark methods		Coefficient calculated based on 97% of 2010 carbon emission	Government keep 30% allowances for auction;auction 2 million tonnes on 31th march 2015	Allocated annually

	Existing facilities		New facilities	Controlled coefficient characteristics	auction	Free allocation
	Grandfathering method	Grand fathering Intensity method/ benchmark method				
Guang dong	Cogeneration in power generation,mining and other powders process in cement Industry,oil processing and ethylene production in petrochemicals Industry,and short process of steel production in Iron and steel Industry	Generator sets in power generation, cement crinding process and the clinker production process in cement Industry,long steel production processes in Iron and steel Industry	New projects above threshold is involved in emission trading system	Annual decline coefficient,Industry booming factor	Power industry:5% of allocated allowances;other industries:3% of allocated allowances, planned action 80 000 tonnes CO_2 allowances	Allocated annually
Chong qing	Check and balances between enterprise reporting and government allocation,could allocate 8% more than reporting emissions				NA	Allocated annually
Shen zhen		Buildings and industries adopt benchmark method;manufacturing adopts competitive game，the target of carbon intensity is determined by comparison with the sectoral auerage		Reduce industry carbon intensity through game method	Auction 75 000 tonnes on 6th June	Allocated Annually

Source: Development and Reform Commissions in ETS pilot regions

表 5-4 各试点地区碳交易抵消机制相关规则

	使用比例	限制条件
北京	用于抵消排放配额的 CCER 不得高于当年排放配额数量的 5%	全市每年的抵消总配额中，市内开发项目获得的 CCER 必须达到 50% 以上。市外开发项目的开发地优先考虑西部地区
天津	用于抵消排放配额的 CCER 不得高于当年排放量的 10%	CCER 没有地域来源、项目类型和边界限制
上海	用于抵消排放配额的 CCER 不超过该年度企业通过分配取得的配额量的 5%	不能使用在企业自身边界内产生的 CCER 用于排放配额抵消
湖北	用于抵消配额的 CCER 不超过该年度企业通过分配取得的配额量的 5%	CCER 产生于本省行政区域内，并且是在纳入碳市场控排管理企业边界范围外产生的
广东	用于抵消配额的 CCER 最高不超过企业初始配额的 10%	省内开发项目获得的 CCER 必须至少为 70%，控排企业单位在其排放边界范围内产生的 CCER 不得用于抵消
重庆	用于抵消排放配额的 CCER 不超过该年度企业审定排放量的 8%	对 CCER 产生的地域没有限制。减排项目应在 2010 年 12 月 31 日后投入运行，且属于以下类型之一：节能和提高能效，清洁能源和非水电可再生能源，碳汇，能源活动、工业生产过程、农业废弃物处理等领域减排
深圳	用于抵消配额的 CCER 最高为企业年度排放量的 10%	控排企业单位在其排放边界范围内产生的 CCER 不得用于抵消

数据来源：各碳交易试点省市发展改革委。

Table 5-4 Offsetting Rules in Pilot Regions

	Offsetting Ratio	Restrictions
Beijing	Chinese Certified Emission Reduction(CCER)for offsetting shall not be more than 5% of the allocated allowances of the year	CCER generated from local projects must be more than 50% of the total offsetting allowances.Priority is given to the projects generated from western regions
Tianjin	CCER for offsetting shall not be more than 10% of total allocated allowances of the year	Without limitation on regions,project types or boundaries
Shang hai	CCER for offsetting shall not be more than 5% of the allocated allowances of the year	CCER generated from emission boundary of the compliance enterprise shall not be used for offsetting
Hubei	CCER for offsetting shall not be more than 5% of the primary allocated allowances	CCER is generated within Hubei Province,but outside emission-control compliance enterprises boundaries
Guang dong	CCER for offsetting shall not be more than 10% of enterprise initial quota	CCER generated within provincial region must be at least 70%,but CCER generated within emission-control compliance enterprises boundaries shall not be used for offsetting
Chong qing	CCER for offsetting shall not be more than 8% of enterprise annual verified emission	Without limitations on regions. However,emission reduction projects should put into operation from 31th December,2010,and be one of the following types:energy conservation and efficiency improvement,clean energy and renewable energy apart from hydro power,carbon sink,emission reductions from energy activities,industrial process,agricultural wsate management
Shen zhen	CCER for offsetting shall not be more than 10% of enterprise annual carbon emission	CCER generated from emission boundary of the compliance enterprise shall not be used for offsetting

Source: Development and Reform Commissions in ETS pilot regions.

表 5-5　各试点地区 2014 年碳交易成交量和履约情况

Table 5-5 Carbon Transactions and Compliances in Pilot Regions in 2014

	累计成交量 / 万 t Accumulated Transactions/ 10 000 tonnes	累计成交额 / 万元 Accumulated Turnover/ 10 000 CNY	成交均价 / （元 /t） Average Transaction Price/(CNY/ tonne)	履约率 /% Compliance Rate/%
北京 Beijing	210	10 400	59.3	97.1
天津 Tianjin	101	2 048	20.3	96.5
上海 Shanghai	199.7	7 614	49.9	100
湖北 Hubei	685	16 000	23.4	—
广东 Guangdong	126	5 619	44.3	98.9
重庆 Chongqing	14.5	445.75	30.7	—
深圳 Shenzhen	195	12 200	60.2	99.4

数据来源：北京、天津、上海、湖北、广东、重庆和深圳碳交易所。
注：“—”代表暂无数据。

Source: Carbon Exchange Centers in ETS pilot regions.

Note: “—” means not available.

6

中国自主决定贡献量化行动目标

Targets in China's INDCs

表 6–1　中国自主决定贡献量化行动目标

Table 6–1 Quantifiable Targets in China's INDCs

	进展 Progress	目标 Target		
	2014	2020	2025	2030
单位国内生产总值二氧化碳排放（比 2005 年下降）/% CO_2 Emissions per GDP(lower than the 2005 level)/%	33.8	40~45		60~65
非化石能源占一次能源消费比重 /% Non-fossil Fuels Share in Primary Energy Consumption/%	11.2	15		20
森林面积（比 2005 年增加）/ 万 hm^2 Increased Forest Area(compared to the 2005 level)/10 000 hectares	2 160	4 000		
森林蓄积量（比 2005 年增加）/ 亿 m^3 Increased Forest Stock Volume/(compared to the 2005 level)/100 million m^3	21.88	13		45
水电装机 / 亿 kW Installed Capacity of Hydro Power/100 million kW	3.00			
风电装机 / 亿 kW Installed Capacity of On-grid Wind Power/100 million kW	0.96	2.00		
太阳能装机 / 亿 kW Installed Capacity of Solar Power/100 million kW	0.28	1.00		
核电装机 / 亿 kW Installed Capacity of Nuclear Power/100 million kW	0.20			

	进展 Progress	目标 Target		
	2014	2020	2025	2030
地热能利用规模 / 亿 t 标准煤 Geothermal Energy Utilization/100 million tce		0.50		
新建燃煤发电机组平均供电煤耗 /[g 标准煤 /(kW · h)] Coal Consumption of Electricity Generation of Newly Built Coal-fired Power Plants/(gce per kW · h)		300		
天然气占一次能源消费比重 /% Natural Gas Share in Primary Energy Consumption/%		10		
煤层气产量 / 亿 m^3 Coal-bed Methane Production/100 million m^3		300		
战略性新兴产业增加值占国内生产总值比重 /% Value-added Share of Strategic Emerging Industries in Total GDP/%		15		
二氟一氯甲烷产量（比 2010 年产量减少）/% HCFC-22 Production(lower than the 2010 level)%		35	67.5	
城镇新建建筑中绿色建筑占比 /% Green Building Share in Newly-built Buildings/%		50		
大中城市公共交通占机动化出行比例 /% Public Transport Share in Motorized Travel in Big-and-medium-sized Cities/%		30		

数据来源：《强化应对气候变化行动——中国国家自主贡献》。
Source: *Enhanced Actions on climate change-china's Intended Nationally Determined contributions.*

附　表

Appendix

世界主要国家和地区温室气体排放数据

Worldwide

Key Figures on GHG Emissions

1

UNFCCC 附件 I 缔约方温室气体排放

UNFCCC Annex I Parties GHG Emissions

附表 1-1　1990—2013 年附件 I 缔约方温室气体排放量（不包括 LULUCF）
Appendix 1-1　Annex I Parties GHG Emissions(excluding LULUCF)

单位: 10^6 t CO_2 当量　　　　（million tonnes CO_2eq）

国家 / 地区 Country/Region	1990	2000	2010	2012	2013	2013 年比 1990 年变化 /% Change from 1990 to 2013/%
澳大利亚 Australia	428.3	497.0	546.4	549.7	541.9	26.5
奥地利 Austria	78.7	80.1	84.8	79.8	79.6	1.2
白俄罗斯 Belarus	—	—	—	—	—	—
比利时 Belgium	147.1	149.3	133.3	119.2	119.4	-18.8
保加利亚 Bulgaria	120.7	59.6	60.6	61.2	55.9	-53.7
加拿大 Canada	612.7	744.9	707.0	715.2	726.0	18.5
克罗地亚 Croatia	35.1	27.0	28.3	25.5	24.5	-30.3
塞浦路斯 Cyprus	—	—	—	—	—	—
捷克 Czech Republic	193.3	146.1	135.6	130.6	127.1	-34.2
丹麦 Denmark	70.6	71.2	64.0	54.1	56.0	-20.7
爱沙尼亚 Estonia	40.0	17.1	19.9	19.4	21.7	-45.7
芬兰 Finland	71.1	70.0	75.7	62.4	63.0	-11.4
法国 France	552.5	558.6	522.3	495.7	496.8	-10.1
德国 Germany	1 247.9	1 044.3	942.6	928.1	950.7	-23.8
希腊 Greece	105.0	127.9	119.1	112.6	105.1	0.1
匈牙利 Hungary	—	—	—	—	—	—

单位：10^6 t CO_2 当量　　　　(million tonnes CO_2eq)

国家 / 地区 Country/Region	1990	2000	2010	2012	2013	2013 年比 1990 年变化 /% Change from 1990 to 2013/%
冰岛 Iceland	3.8	4.2	4.9	4.8	4.7	22.9
爱尔兰 Ireland	56.7	69.0	62.9	59.5	58.7	3.7
意大利 Italy	521.0	553.7	506.5	468.9	473.3	-16.1
日本 Japan	—	—	—	—	—	—
拉脱维亚 Latvia	26.2	10.1	11.9	11.0	10.9	-58.3
列支敦士登 Liechtenstein	—	—	—	—	—	—
立陶宛 Lithuania	47.8	19.6	20.9 a	21.2	19.9	-58.3
卢森堡 Luxembourg	—	—	—	—	—	—
马耳他 Malta	2.0	2.6	3.0	3.2	2.8	39.4
摩纳哥 Monaco	—	—	—	—	—	—
荷兰 Netherlands	219.5	219.0	213.8	196.3	195.8	-10.8
新西兰 New Zealand	66.7	77.3	79.7	82.1	81.0	21.3
挪威 Norway	—	—	—	—	—	—
波兰 Poland	580.9	392.8	408.1	398.8	394.9	-32.0
葡萄牙 Portugal	60.4	83.6	70.3	66.9	65.1	7.7
罗马尼亚 Romania	—	—	—	—	—	—

单位：10^6 t CO_2 当量　　(million tonnes CO_2eq)

国家 / 地区 Country/Region	1990	2000	2010	2012	2013	2013 年比 1990 年变化 /% Change from 1990 to 2013/%
俄罗斯 Russian Federation	3 941.3	2 430.5	2 770.0	2 862.3	2 799.4	-29.0
斯洛伐克 Slovakia	75.5	50.2	46.9	43.7	43.7	-42.2
斯洛文尼亚 Slovenia	20.3	19.1	19.5	18.9	18.2	-10.5
西班牙 Spain	290.7	389.8	356.8	348.7	322.0	10.8
瑞典 Sweden	71.8	68.7	65.0	57.3	55.8	-22.4
瑞士 Switzerland	—	—	—	—	—	—
土耳其 Turkey	—	—	—	—	—	—
乌克兰 Ukraine	912.7	403.6	385.8	398.3	385.9	-57.7
英国 United Kingdom	807.2	723.8	619.8	589.2	575.7	-28.7
美国 United States	—	—	—	—	—	—

数据来源：UNFCCC/SBI/2015/21，2015 年 11 月。
注："—" 代表暂无数据。
Source: UNFCCC/SBI/2015/21,November 2015.
Note: "—" means not available.

附表 1-2　1990—2013 年附件 I 缔约方二氧化碳排放量（不包括 LULUCF）

Appendix 1-2　Annex I Parties CO_2 Emissions（excluding LULUCF）

单位：10^6 t　　　　（million tonnes）

国家 / 地区 Country/ Region	1990	2000	2010	2012	2013	2013 年比 1990 年变化 /% Change from 1990 to 2013/%
澳大利亚 Australia	278.2	349.9	404.8	405.8	398.5	43.2
奥地利 Austria	62.2	66.2	72.7	67.8	67.8	8.9
白俄罗斯 Belarus	—	—	—	—	—	—
比利时 Belgium	120.9	126.1	114.0	101.3	101.7	-15.9
保加利亚 Bulgaria	90.8	45.7	47.8	48.3	42.7	-52.9
加拿大 Canada	462.7	572.0	556.4	562.0	596.6	23.1
克罗地亚 Croatia	24.1	20.1	21.4	19.0	18.6	-22.7
塞浦路斯 Cyprus	—	—	—	—	—	—
捷克 Czech Republic	161.7	125.3	115.0	109.0	106.1	-34.4
丹麦 Denmark	54.8	55.6	50.6	41.1	43.0	-21.7
爱沙尼亚 Estonia	36.7	15.2	17.8	17.3	19.6	-46.6
芬兰 Finland	56.9	57.1	63.7	51.1	51.7	-9.2
法国 France	400.6	417.0	393.9	369.5	371.5	-7.3
德国 Germany	1 050.9	899.4	833.1	817.9	840.6	-20.0

单位: 10^6 t （million tonnes）

国家 / 地区 Country/ Region	1990	2000	2010	2012	2013	2013 年比 1990 年变化 /% Change from 1990 to 2013/%
希腊 Greece	83.3	102.9	96.9	90.6	82.9	-0.5
匈牙利 Hungary	—	—	—	—	—	—
冰岛 Iceland	2.1	2.7	3.4	3.3	3.3	55.3
爱尔兰 Ireland	32.7	45.1	41.5	38.1	37.0	13.2
意大利 Italy	436.2	465.2	428.9	391.1	360.4	-17.4
日本 Japan	—	—	—	—	—	—
拉脱维亚 Latvia	19.5	7.0	8.5	7.4	7.3	-62.8
列支敦士登 Liechtenstein	—	—	—	—	—	—
立陶宛 Lithuania	35.8	11.8	13.6	14.0	13.0	-63.6
卢森堡 Luxembourg	—	—	—	—	—	—
马耳他 Malta	1.9	2.3	2.6	2.8	2.4	29.3
摩纳哥 Monaco	—	—	—	—	—	—
荷兰 Netherlands	160.4	170.9	182.7	166.8	166.2	3.6
新西兰 New Zealand	25.4	32.3	34.6	35.6	34.6	36.3

单位：10^6 t （million tonnes）

国家 / 地区 Country/ Region	1990	2000	2010	2012	2013	2013 年比 1990 年变化 /% Change from 1990 to 2013/%
挪威 Norway	—	—	—	—	—	—
波兰 Poland	474.6	319.5	336.7	327.0	322.9	-32.0
葡萄牙 Portugal	44.9	65.3	52.2	49.1	47.4	5.6
罗马尼亚 Romania	—	—	—	—	—	—
俄罗斯 Russian Federation	2 590.1	1 504.5	1 663.0	1 728.0	1 666.5	-35.7
斯洛伐克 Slovakia	61.7	41.1	38.3	35.8	35.8	-42.1
斯洛文尼亚 Slovenia	16.7	15.5	16.4	15.8	15.2	-9.0
西班牙 Spain	229.8	311.2	283.1	278.8	251.9	9.6
瑞典 Sweden	57.5	54.7	53.1	46.4	44.8	-22.1
瑞士 Switzerland	—	—	—	—	—	—
土耳其 Turkey	—	—	—	—	—	—
乌克兰 Ukraine	691.3	275.0	286.3	297.9	288.4	-58.3
英国 United Kingdom	596.4	561.2	507.6	483.7	475.2	-20.3
美国 United States	—	—	—	—	—	—

数据来源：UNFCCC/SBI/2015/21，2015 年 11 月。
注：“—” 代表暂无数据。
Source: UNFCCC/SBI/2015/21,November 2015.
Note: “—” means not available.

附表 1-3　1990—2013 年附件 I 缔约方温室气体排放量（包括 LULUCF）

Appendix 1-3　Annex I Parties GHG Emissions（including LULUCF）

单位：10^6 t CO_2 当量　　　　（million tonnes CO_2eq）

国家 / 地区 Country/ Region	1990	2000	2010	2012	2013	2013 年比 1990 年变化 /% Change from 1990 to 2013/%
澳大利亚 Australia	531.6	554.8	574.5	544.7	538.0	1.2
奥地利 Austria	65.6	63.2	78.6	73.8	74.6	13.7
白俄罗斯 Belarus	—	—	—	—	—	—
比利时 Belgium	144.8	147.6	129.5	115.4	115.7	-20.1
保加利亚 Bulgaria	106.3	49.8	51.9	52.1	46.6	-56.2
加拿大 Canada	525.2	668.3	788.4	775.3	711.0	35.4
克罗地亚 Croatia	29.6	19.9	22.1	20.5	19.4	-34.5
塞浦路斯 Cyprus	—	—	—	—	—	—
捷克 Czech Republic	187.0	139.0	130.3	123.6	120.4	-35.6
丹麦 Denmark	77.4	75.9	67.1	56.3	58.4	-24.6
爱沙尼亚 Estonia	32.4	18.0	15.0	17.9	21.4	-33.9
芬兰 Finland	55.3	45.5	49.0	34.5	42.6	-22.9
法国 France	514.9	525.1	482.9	447.0	450.2	-12.6
德国 Germany	1 215.3	1 005.0	925.0	912.3	935.0	-23.1

单位：10^6 t CO_2 当量　　（million tonnes CO_2eq）

国家 / 地区 Country/ Region	1990	2000	2010	2012	2013	2013 年比 1990 年变化 /% Change from 1990 to 2013/%
希腊 Greece	102.6	126.0	116.4	109.8	101.8	-0.8
匈牙利 Hungary	—	—	—	—	—	—
冰岛 Iceland	15.3	15.7	16.8	16.6	16.6	8.2
爱尔兰 Ireland	61.2	74.8	67.2	65.1	62.6	2.3
意大利 Italy	515.6	535.4	472.3	448.1	403.2	-21.8
日本 Japan	—	—	—	—	—	—
拉脱维亚 Latvia	17.3	3.0	12.8	10.5	10.8	-37.7
列支敦士登 Liechtenstein	—	—	—	—	—	—
立陶宛 Lithuania	43.9	10.4	9.7	12.3	10.0	-77.3
卢森堡 Luxembourg	—	—	—	—	—	—
马耳他 Malta	2.0	2.6	3.0	3.2	2.8	39.4
摩纳哥 Monaco	—	—	—	—	—	—
荷兰 Netherlands	225.1	225.2	219.7	202.4	202.0	-10.3
新西兰 New Zealand	38.1	47.0	47.6	54.2	54.2	42.4
挪威 Norway	—	—	—	—	—	—

单位：10^6 t CO_2 当量 （million tonnes CO_2eq）

国家 / 地区 Country/ Region	1990	2000	2010	2012	2013	2013 年比 1990 年变化 /% Change from 1990 to 2013/%
波兰 Poland	566.4	361.8	379.9	364.3	357.3	-36.9
葡萄牙 Portugal	62.2	77.6	58.9	56.8	55.7	-10.5
罗马尼亚 Romania	—	—	—	—	—	—
俄罗斯 Russian Federation	4 141.9	2 124.2	2 321.1	2 423.2	2 351.3	-43.2
斯洛伐克 Slovakia	66.5	41.2	41.5	36.4	35.8	-46.2
斯洛文尼亚 Slovenia	16.6	13.3	14.6	14.1	13.4	-19.4
西班牙 Spain	267.2	358.3	323.0	315.0	287.9	7.8
瑞典 Sweden	30.9	26.5	21.2	14.3	14.2	-54.0
瑞士 Switzerland	—	—	—	—	—	—
土耳其 Turkey	—	—	—	—	—	—
乌克兰 Ukraine	850.8	348.8	342.4	366.0	347.3	-59.2
英国 United Kingdom	811.2	724.7	615.5	584.3	570.4	-29.7
美国 United States	—	—	—	—	—	—

数据来源：UNFCCC/SBI/2015/21，2015 年 11 月。
注：“—”代表暂无数据。
Source: UNFCCC/SBI/2015/21,November 2015.
Note: “—” means not available.

附表 1-4　1990—2013 年附件 I 缔约方二氧化碳排放量（包括 LULUCF）

Appendix 1-4　Annex I Parties CO_2 Emissions (including LULUCF)

单位：10^6 t　　　　(million tonnes)

国家 / 地区 Country/ Region	1990	2000	2010	2012	2013	2013 年比 1990 年变化 /% Change from 1990 to 2013/%
澳大利亚 Australia	371.9	401.7	426.4	398.1	391.1	5.2
奥地利 Austria	49.2	49.3	66.5	61.8	62.8	27.7
白俄罗斯 Belarus	—	—	—	—	—	—
比利时 Belgium	118.6	124.3	110.1	97.3	97.8	-17.5
保加利亚 Bulgaria	76.4	35.6	39.1	39.2	33.4	-56.2
加拿大 Canada	368.6	491.7	618.9	604.5	545.2	47.9
克罗地亚 Croatia	18.5	12.7	15.2	13.9	13.5	-27.2
塞浦路斯 Cyprus	—	—	—	—	—	—
捷克 Czech Republic	155.2	118.1	109.6	101.9	99.2	-36.1
丹麦 Denmark	61.6	60.3	53.5	43.3	45.3	-26.5
爱沙尼亚 Estonia	29.1	16.1	12.9	15.8	19.3	-33.7
芬兰 Finland	38.3	29.9	34.8	21.0	29.1	-24.0
法国 France	361.6	381.4	353.0	319.3	323.5	-10.5
德国 Germany	1 016.5	858.3	813.7	800.4	823.1	-19.0
希腊 Greece	80.9	100.8	94.2	87.8	79.6	-1.6

单位：10^6 t （million tonnes）

国家 / 地区 Country/ Region	1990	2000	2010	2012	2013	2013 年比 1990 年变化 /% Change from 1990 to 2013/%
匈牙利 Hungary	—	—	—	—	—	—
冰岛 Iceland	9.8	10.4	11.4	11.3	11.2	14.9
爱尔兰 Ireland	36.6	50.2	44.5	42.9	40.0	9.1
意大利 Italy	428.8	445.7	394.2	368.8	326.1	-23.9
日本 Japan	—	—	—	—	—	—
拉脱维亚 Latvia	9.7	-1.1	8.4	6.0	6.1	-37.7
列支敦士登 Liechtenstein	—	—	—	—	—	—
立陶宛 Lithuania	31.9	2.6	2.4	5.0	3.0	-90.5
卢森堡 Luxembourg	—	—	—	—	—	—
马耳他 Malta	1.9	2.3	2.6	2.8	2.4	29.3
摩纳哥 Monaco	—	—	—	—	—	—
荷兰 Netherlands	166.1	177.0	188.6	172.8	172.4	3.8
新西兰 New Zealand	-3.5	1.7	2.3	7.5	7.6	316.8
挪威 Norway	—	—	—	—	—	—
波兰 Poland	460.2	288.5	308.5	292.4	285.3	-38.0

单位：10^6 t　　　　　　　　(million tonnes)

国家 / 地区 Country/ Region	1990	2000	2010	2012	2013	2013 年比 1990 年变化 /% Change from 1990 to 2013/%
葡萄牙 Portugal	45.9	58.7	40.3	38.4	37.5	-18.4
罗马尼亚 Romania	—	—	—	—	—	—
俄罗斯 Russian Federation	2 759.1	1 160.5	1 160.1	1 239.5	1 167.8	-57.7
斯洛伐克 Slovakia	52.6	32.0	32.9	28.5	27.8	-47.1
斯洛文尼亚 Slovenia	13.0	9.7	11.5	11.0	10.4	-20.0
西班牙 Spain	200.0	279.3	249.1	244.7	217.6	5.6
瑞典 Sweden	15.0	10.9	7.5	1.6	1.4	-90.6
瑞士 Switzerland	—	—	—	—	—	—
土耳其 Turkey	—	—	—	—	—	—
乌克兰 Ukraine	629.4	220.1	242.9	265.5	249.7	-60.3
英国 United Kingdom	599.3	560.9	502.5	477.9	469.2	-21.7
美国 United States	—	—	—	—	—	—

数据来源：UNFCCC/SBI/2015/21，2015 年 11 月。
注："—" 代表暂无数据。
Source: UNFCCC/SBI/2015/21,November 2015.
Note: "—" means not available.

2

国际能源署二氧化碳排放统计相关指标

IEA CO_2 Emissions Related Indicators

附表 2-1　1990—2013 年世界主要国家和地区（G20）人口数
Appendix 2-1　Population(G20)

单位：10^6 人　　(millions)

国家 / 地区 Country/ Region	1990	2000	2005	2008	2012	2013	2013 年比 2012 年变化 /% Change of 2013 over 2012/%
美国 United States	250.2	282.4	296.0	304.5	314.2	316.5	0.7
日本 Japan	123.6	126.8	127.8	128.0	127.6	127.3	-0.2
德国 Germany	79.4	82.2	82.5	82.1	81.9	82.1	0.2
法国 France	58.2	60.9	63.1	64.3	65.6	65.9	0.4
英国 United Kingdom	57.2	58.9	60.4	61.8	63.7	64.1	0.6
意大利 Italy	56.7	56.9	58.2	59.2	60.3	60.6	0.5
加拿大 Canada	27.7	30.7	32.2	33.2	34.8	35.2	1.2
俄罗斯 Russian Federation	148.0	147.0	143.0	142.0	143.0	143.0	0.0
欧盟 EU-28	477.7	487.7	496.2	502.1	507.5	508.5	0.2
澳大利亚 Australia	17.2	19.1	20.3	21.4	22.9	23.3	1.7
中国 P.R.China	1 140.0	1 260.0	1 300.0	1 320.0	1 350.0	1 360.0	0.7
南非 South Africa	35.2	44.0	47.3	49.3	52.3	53.2	1.6

单位：10^6 人 (millions)

国家 / 地区 Country/ Region	1990	2000	2005	2008	2012	2013	2013 年比 2012 年变化 /% Change of 2013 over 2012/%
阿根廷 Argentina	32.6	36.9	38.6	39.7	41.1	41.4	0.9
巴西 Brazil	150.0	175.0	186.0	192.0	199.0	200.0	0.5
印度 India	869.0	1 040.0	1 130.0	1 170.0	1 240.0	1 250.0	0.8
印度尼西亚 Indonesia	179.0	209.0	224.0	234.0	247.0	250.0	1.2
墨西哥 Mexico	07.1	100.9	107.2	111.3	117.1	118.4	1.1
沙特阿拉伯 Saudi Arabia	16.2	20.1	24.7	26.4	28.3	28.8	1.9
土耳其 Turkey	55.1	64.3	68.6	71.1	74.9	75.8	1.2
韩国 Republic of Korea	42.9	47.0	48.1	48.9	50.0	50.2	0.4

数据来源：*IEA CO_2 Emissions from Fuel Combustion Highlights,2015 Edition*。

Source: *IEA CO_2 Emissions from Fuel Combustion Highlights, 2015 Edition*.

附表 2-2 1990—2013 年世界主要国家和地区（G20）GDP（按汇率计算）

Appendix 2-2 GDP using Exchange Rates(G20)

单位：10 亿美元 (billion 2005 US dollars)

国家 / 地区 Country/ Region	1990	2000	2005	2008	2012	2013	2013 年比 2012 年变化 /% Change of 2013 over 2012/%
美国 United States	8 237.5	11 553.3	13 093.7	13 642.1	14 137.8	14 451.5	2.2
日本 Japan	3 851.3	4 308.1	4 571.9	4 701.7	4 708.6	4 784.6	1.6
德国 Germany	2 285.8	2 777.4	2 857.6	3 092.7	3 158.6	3 161.9	0.1
法国 France	1 650.0	2 030.0	2 203.6	2 313.7	2 345.3	2 351.9	0.3
英国 United Kingdom	1 647.6	2 087.5	2 412.1	2 540.6	2 534.9	2 577.1	1.7
意大利 Italy	1 501.7	1 768.8	1 853.5	1 898.4	1 784.9	1 754.6	-1.7
加拿大 Canada	774.6	1 026.9	1 164.2	1 233.0	1 301.3	1 327.4	2.0
俄罗斯 Russian Federation	843.0	567.4	764.0	943.9	980.6	993.5	1.3
欧盟 EU-28	10 473.7	13 007.6	14 298.9	15 313.4	15 139.7	15 148.4	0.1
澳大利亚 Australia	453.9	642.9	762.1	834.3	925.5	949.1	2.5
中国 P.R.China	525.3	1 417.0	2 256.9	3 182.9	4 517.5	4 864.0	7.7
南非 South Africa	178.4	213.6	257.8	295.9	316.7	323.7	2.2
阿根廷 Argentina	129.5	202.0	222.9	269.0	321.8	331.3	2.9

单位：10 亿美元　　　　(billion 2005 US dollars)

国家 / 地区 Country/ Region	1990	2000	2005	2008	2012	2013	2013 年比 2012 年变化 /% Change of 2013 over 2012/%
巴西 Brazil	598.5	769.0	882.2	1 023.3	1 138.3	1 166.7	2.5
印度 India	350.2	602.7	834.2	1 039.8	1 393.6	1 489.8	6.9
印度尼西亚 Indonesia	150.1	226.9	285.9	340.0	427.6	452.3	5.8
墨西哥 Mexico	560.2	788.2	864.8	950.1	1 029.2	1 044.0	1.4
沙特阿拉伯 Saudi Arabia	197.8	258.6	328.5	398.5	500.9	520.7	3.9
土耳其 Turkey	269.7	386.6	483.0	543.9	627.8	654.1	4.2
韩国 Republic of Korea	364.3	712.8	898.1	1 024.4	1 165.3	1 199.0	2.9

数据来源：*IEA CO_2 Emissions from Fuel Combustion Highlights, 2015 Edition*。
注：2005 年美元。
Source: *IEA CO_2 Emissions from Fuel Combustion Highlights, 2015 Edition.*
Note:2005 US dollars.

附表 2-3　1990—2013 年世界主要国家和地区（G20）一次能源供应总量

Appendix 2-3 Total Primary Energy Supply(G20)

单位：10^6 t 石油当量　　(million tonnes of oil equivalent)

国家 / 地区 Country/ Region	1990	2000	2005	2008	2012	2013	2013 年比 2012 年变化 /% Change of 2013 over 2012/%
美国 United States	1 915.1	2 273.3	2 318.8	2 277.1	2 139.8	2 188.4	2.3
日本 Japan	439.3	519.1	520.5	495.4	452.0	454.7	0.6
德国 Germany	351.2	336.6	337.0	331.5	311.8	317.7	1.9
法国 France	224.0	251.9	271.1	265.0	252.4	253.3	0.4
英国 United Kingdom	205.9	223.0	222.7	207.7	192.9	191.0	-1.0
意大利 Italy	146.6	171.5	183.6	175.3	161.3	155.4	-3.7
加拿大 Canada	208.6	251.5	270.3	265.1	252.3	253.2	0.4
俄罗斯 Russian Federation	879.2	619.3	651.7	688.5	741.0	730.9	-1.4
欧盟 EU-28	1 644.8	1 692.4	1 787.4	1 755.9	1 646.2	1 625.6	-1.2
澳大利亚 Australia	86.4	108.1	113.5	126.7	126.3	129.1	2.2
中国 P.R.China	870.7	1 160.8	1 775.3	2 087.9	2 907.9	3 009.5	3.5
南非 South Africa	91.0	109.0	128.3	146.9	140.3	141.3	0.7

单位：10^6 t吨石油当量　　　　(million tonnes of oil equivalent)

国家 / 地区 Country/ Region	1990	2000	2005	2008	2012	2013	2013 年比 2012 年变化 /% Change of 2013 over 2012/%
阿根廷 Argentina	46.1	61.6	67.0	77.7	80.3	80.6	0.4
巴西 Brazil	140.2	187.4	215.3	248.6	281.7	293.7	4.2
印度 India	306.6	441.3	517.7	600.4	752.0	775.4	3.1
印度尼西亚 Indonesia	98.6	155.6	179.8	186.8	211.8	213.6	0.8
墨西哥 Mexico	122.5	144.8	168.7	180.8	188.7	101.3	1.4
沙特阿拉伯 Saudi Arabia	58.0	97.9	122.5	156.5	200.3	192.2	-4.1
土耳其 Turkey	52.7	76.0	84.2	98.7	116.9	116.5	-0.3
韩国 Republic of Korea	92.9	188.2	210.3	227.1	263.5	263.8	0.1

数据来源：*IEA CO_2 Emissions from Fuel Combustion Highlights, 2015 Edition*。

Source: *IEA CO_2 Emissions from Fuel Combustion Highlights, 2015 Edition*.

附表 2-4 1990—2013 年世界主要国家和地区（G20）化石燃料二氧化碳排放总量

Appendix 2-4 Total CO_2 Emissions from Fossil Fuels Combustion(G20)

单位：10^6 t (million tonnes)

国家 / 地区 Country/ Region	1990	2000	2005	2008	2012	2013	2013 年比 2012 年变化 /% Change of 2013 over 2012/%
美国 United States	4 802.5	5 642.6	5 702.3	5 511.6	5 031.7	5 119.7	1.7
日本 Japan	1 049.3	1 156.6	1 196.1	1 137.1	1 217.2	1 235.1	1.5
德国 Germany	940.3	812.4	786.8	775.4	744.9	759.6	2.0
法国 France	345.5	364.5	370.2	349.1	311.7	315.6	1.2
英国 United Kingdom	547.7	521.2	531.2	508.0	461.5	448.7	-2.8
意大利 Italy	389.3	420.3	456.3	428.8	366.8	338.2	-7.8
加拿大 Canada	419.0	515.9	535.6	538.8	523.9	536.3	2.4
俄罗斯 Russian Federation	2 163.2	1 474.2	1 481.7	1 553.6	1 550.8	1 543.1	-0.5
欧盟 EU-28	4 023.8	3 782.2	3 915.9	3 789.6	3 424.8	3 340.1	-2.5
澳大利亚 Australia	259.6	334.7	371.4	388.8	387.0	388.7	0.4
中国 P.R.China	2 183.6	3 259.3	5 359.7	6 337.9	8 519.2	8 977.1	5.4

单位：10^6 t (million tonnes)

国家 / 地区 Country/ Region	1990	2000	2005	2008	2012	2013	2013 年比 2012 年变化 /% Change of 2013 over 2012/%
南非 South Africa	243.8	280.5	372.3	423.2	407.8	420.4	3.1
阿根廷 Argentina	99.4	139.3	149.4	176.7	185.3	182.3	-1.6
巴西 Brazil	184.3	292.3	310.5	347.9	422.2	452.4	7.2
印度 India	534.1	892.0	1 086.5	1 341.9	1 780.1	1 868.6	5.0
印度尼西亚 Indonesia	133.9	258.3	321.6	354.8	416.3	424.6	2.0
墨西哥 Mexico	259.5	344.0	381.8	398.9	433.7	451.8	4.2
沙特阿拉伯 Saudi Arabia	151.1	234.6	298.0	364.2	463.3	472.4	2.0
土耳其 Turkey	127.1	201.2	216.2	264.9	302.7	283.8	-6.2
韩国 Republic of Korea	231.7	431.7	457.5	488.7	575.3	572.2	-0.5

数据来源：*IEA CO_2 Emissions from Fuel Combustion Highlights, 2015 Edition*。
Source: *IEA CO_2 Emissions from Fuel Combustion Highlights, 2015 Edition.*

附表 2-5 1990—2013 年世界主要国家和地区（G20）人均 GDP（按汇率计算）

Appendix 2-5 GDP per Capita using Exchange Rates (G20)

单位：美元 / 人 (2005 US dollar/capita)

国家 / 地区 Country/Region	1990	2000	2005	2008	2012	2013	2013 年比 2012 年变化 /% Change of 2013 over 2012/%
美国 United States	32 926	40 911	44 237	44 795	44 989	45 665	1.5
日本 Japan	31 156	33 967	35 786	36 719	36 915	37 575	1.8
德国 Germany	28 801	33 793	34 652	37 660	38 558	38 512	-0.1
法国 France	28 338	33 348	34 904	35 970	35 746	35 690	-0.2
英国 United Kingdom	28 785	35 449	39 927	41 093	39 791	40 200	1.0
意大利 Italy	26 476	31 063	31 851	32 045	29 581	28 931	-2.2
加拿大 Canada	27 973	33 464	36 108	37 088	37 446	37 760	0.8

单位：美元 / 人 (2005 US dollar/capita)

国家 / 地区 Country/Region	1990	2000	2005	2008	2012	2013	2013 年比 2012 年变化 /% Change of 2013 over 2012/%
俄罗斯 Russian Federation	5 696	3 860	5 343	6 647	6 857	6 948	1.3
欧盟 EU-28	21 924	26 673	28 815	30 499	29 832	29 792	-0.1
澳大利亚 Australia	26 437	33 625	37 574	38 942	40 453	40 783	0.8
中国 P.R.China	461	1 125	1 736	2 411	3 346	3 576	6.9
南非 South Africa	5 068	4 854	5 444	5 997	6 051	6 090	0.6
阿根廷 Argentina	3 969	5 473	5 768	6 779	7 833	7 992	2.0
巴西 Brazil	3 990	4 394	4 743	5 330	5 720	5 834	2.0
印度 India	403	579	738	889	1 124	1 192	6.0

单位：美元 / 人 (2005 US dollar/capita)

国家 / 地区 Country/Region	1990	2000	2005	2008	2012	2013	2013 年比 2012 年变化 /% Change of 2013 over 2012/%
印度尼西亚 Indonesia	838	1 086	1 276	1 453	1 731	1 809	4.5
墨西哥 Mexico	6 435	7 812	8 071	8 536	8 793	8 818	0.3
沙特阿拉伯 Saudi Arabia	12 205	12 837	13 303	15 115	17 706	18 060	2.0
土耳其 Turkey	4 893	6 017	7 044	7 651	8 381	8 632	3.0
韩国 Republic of Korea	8 497	15 162	18 657	20 928	23 303	23 875	2.5

数据来源：*IEA CO_2 Emissions from Fuel Combustion Highlights,2015 Edition*。
注：2005 年美元。
Source: *IEA CO_2 Emissions from Fuel Combustion Highlights, 2015 Edition*.
Note:2005 US dollar.

附表 2-6 1990—2013 年世界主要国家和地区（G20）人均一次能源供应量

Appendix 2-6 Total Primary Energy Supply per Capita(G20)

单位：t 石油当量 / 人 (tonnes of oil equivalent/capita)

国家 / 地区 Country/ Region	1990	2000	2005	2008	2012	2013	2013 年比 2012 年变化 /% Change of 2013 over 2012/%
美国 United States	7.7	8.1	7.8	7.5	6.8	6.9	1.6
日本 Japan	3.6	4.1	4.1	3.9	3.5	3.6	0.8
德国 Germany	4.4	4.1	4.1	4.0	3.8	3.9	1.6
法国 France	3.8	4.1	4.3	4.1	3.8	3.8	-0.1
英国 United Kingdom	3.6	3.8	3.7	3.4	3.0	3.0	-1.6
意大利 Italy	2.6	3.0	3.2	3.0	2.7	2.6	4.2
加拿大 Canada	7.5	8.2	8.4	8.0	7.3	7.2	-0.8
俄罗斯 Russian Federation	5.9	4.2	4.6	4.8	5.2	5.1	-1.4
欧盟 EU-28	3.4	3.5	3.6	3.5	3.2	3.2	-1.4
澳大利亚 Australia	5.0	5.7	5.6	5.9	5.5	5.5	0.5
中国 P.R.China	0.8	0.9	1.4	1.6	2.2	2.2	2.7
南非 South Africa	2.6	2.5	2.7	3.0	2.7	2.7	-0.9
阿根廷 Argentina	1.4	1.7	1.7	2.0	2.0	1.9	-0.5

单位：t 石油当量 / 人　　(tonnes of oil equivalent/capita)

国家 / 地区 Country/ Region	1990	2000	2005	2008	2012	2013	2013 年比 2012 年变化 /% Change of 2013 over 2012/%
巴西 Brazil	0.9	1.1	1.2	1.3	1.4	1.5	3.7
印度 India	0.4	0.4	0.5	0.5	0.6	0.6	2.3
印度尼西亚 Indonesia	0.6	0.7	0.8	0.8	0.9	0.9	-0.4
墨西哥 Mexico	1.4	1.4	1.6	1.6	1.6	1.6	0.2
沙特阿拉伯 Saudi Arabia	3.6	4.9	5.0	5.9	7.1	6.7	-5.9
土耳其 Turkey	1.0	1.2	1.2	1.4	1.6	1.5	-1.5
韩国 Republic of Korea	2.2	4.0	4.4	4.6	5.3	5.3	-0.3

数据来源：*IEA CO_2 Emissions from Fuel Combustion Highlights, 2015 Edition*。

Source: *IEA CO_2 Emissions from Fuel Combustion Highlights, 2015 Edition.*

附表 2-7 1990—2013 年世界主要国家和地区（G20）人均化石燃料二氧化碳排放量

Appendix 2-7 CO_2 Emissions from Fossil Fuels Combustion per Capita(G20)

单位：t/ 人 (tonnes/capita)

国家 / 地区 Country/Region	1990	2000	2005	2008	2012	2013	2013 年比 2012 年变化 /% Change of 2013 over 2012/%
美国 United States	19.2	20.0	19.3	18.1	16.0	16.2	1.0
日本 Japan	8.5	9.1	9.4	8.9	9.5	9.7	1.6
德国 Germany	11.8	9.9	9.5	9.4	9.1	9.3	1.7
法国 France	5.9	6.0	5.9	5.4	4.8	4.8	0.8
英国 Unitod Kingdom	9.6	8.9	8.8	8.2	7.2	7.0	-3.4
章大利 Italy	6.9	7.4	7.8	7.2	6.1	5.6	-8.3
加拿大 Canada	15.1	16.8	16.6	16.2	15.1	15.3	1.2
俄罗斯 Russian Federation	14.6	10.0	10.4	10.9	10.8	10.8	-0.5
欧盟 EU-28	8.4	7.8	7.9	7.5	6.7	6.6	-2.7
澳大利亚 Australia	15.1	17.5	18.3	18.1	16.9	16.7	-1.3
中国 P.R.China	1.9	2.6	4.1	4.8	6.3	6.6	4.6
南非 South Africa	6.9	6.4	7.9	8.6	7.8	7.9	1.5
阿根廷 Argentina	3.0	3.8	3.9	4.5	4.5	4.4	-2.5

单位：t/ 人 (tonnes/capita)

国家 / 地区 Country/Region	1990	2000	2005	2008	2012	2013	2013 年比 2012 年变化 /% Change of 2013 over 2012/%
巴西 Brazil	1.2	1.7	1.7	1.8	2.1	2.3	6.6
印度 India	0.6	0.9	1.0	1.1	1.4	1.5	4.1
印度尼西亚 Indonesia	0.7	1.2	1.4	1.5	1.7	1.7	0.8
墨西哥 Mexico	3.0	3.4	3.6	3.6	3.7	3.8	3.0
沙特阿拉伯 Saudi Arabia	9.3	11.6	12.1	13.8	16.4	16.4	0.0
土耳其 Turkey	2.3	3.1	3.2	3.7	4.0	3.7	-7.3
韩国 Republic of Korea	5.4	9.2	9.5	10.0	11.5	11.4	-1.0

数据来源：*IEA CO_2 Emissions from Fuel Combustion Highlights, 2015 Edition*。
Source: *IEA CO_2 Emissions from Fuel Combustion Highlights, 2015 Edition*.

附表 2-8　1990—2013 年世界主要国家和地区（G20）单位 GDP 化石燃料二氧化碳排放

Appendix 2-8 CO_2 Emissions from Fossil Fuels Combustion per GDP(G20)

单位：kg/ 美元　　(kg/2005 US dollar)

国家 / 地区 Country/Region	1990	2000	2005	2008	2012	2013	2013 年比 2012 年变化 /% Change of 2013 over 2012/%
美国 United States	0.58	0.49	0.44	0.40	0.36	0.35	-0.5
日本 Japan	0.27	0.27	0.26	0.24	0.26	0.26	-0.1
德国 Germany	0.41	0.29	0.28	0.25	0.24	0.24	1.9
法国 France	0.21	0.18	0.17	0.15	0.13	0.13	1.0
英国 United Kingdom	0.33	0.25	0.22	0.20	0.18	0.17	-4.4
意大利 Italy	0.26	0.24	0.25	0.23	0.21	0.19	6.2
加拿大 Canada	0.54	0.50	0.46	0.44	0.40	0.40	0.4
俄罗斯 Russian Federation	2.57	2.60	1.94	1.65	1.58	1.55	-1.8
欧盟 EU-28	0.38	0.29	0.27	0.25	0.23	0.22	-2.5
澳大利亚 Australia	0.57	0.52	0.49	0.47	0.42	0.41	-2.1
中国 P.R.China	4.16	2.30	2.37	1.99	1.89	1.85	-2.1
南非 South Africa	1.37	1.31	1.44	1.43	1.29	1.30	0.9
阿根廷 Argentina	0.77	0.69	0.67	0.66	0.58	0.55	-4.4

单位：kg/ 美元 (kg/2005 US dollar)

国家 / 地区 Country/Region	1990	2000	2005	2008	2012	2013	2013 年比 2012 年变化 /% Change of 2013 over 2012/%
巴西 Brazil	0.31	0.38	0.35	0.34	0.37	0.39	4.6
印度 India	1.52	1.48	1.30	1.29	1.28	1.25	-1.8
印度尼西亚 Indonesia	0.89	1.14	1.12	1.04	0.97	0.94	-3.6
墨西哥 Mexico	0.46	0.44	0.44	0.42	0.42	0.43	2.7
沙特阿拉伯 Saudi Arabia	0.76	0.91	0.91	0.91	0.93	0.91	-1.9
土耳其 Turkey	0.47	0.52	0.45	0.49	0.48	0.43	-10.0
韩国 Republic of Korea	0.64	0.61	0.51	0.48	0.49	0.48	-3.3

数据来源：*IEA CO_2 Emissions from Fuel Combustion Highlights, 2015 Edition*。

注：1. GDP 按汇率计算。

2. 2005 年美元。

Source: *IEA CO_2 Emissions from Fuel Combustion Highlights, 2015 Edition.*

Note: GDP using exchange rates.

附表 2-9 1990—2013 年世界主要国家和地区（G20）单位一次能源二氧化碳排放量

Appendix 2-9 CO_2 Emissions per Total Primary Energy Supply (G20)

单位：t/TJ (tonnes/TJ)

国家 / 地区 Country/Region	1990	2000	2005	2008	2012	2013	2013 年比 2012 年变化 /% Change of 2013 over 2012/%
美国 United States	59.9	59.3	58.7	57.8	56.2	55.9	-0.5
日本 Japan	57.1	53.2	54.9	54.8	64.3	64.9	0.9
德国 Germany	63.9	57.6	55.8	55.9	57.1	57.1	0.1
法国 France	36.8	34.6	32.6	31.5	29.5	29.8	0.9
英国 United Kingdom	63.5	55.8	57.0	58.4	57.1	56.1	-1.8
意大利 Italy	63.4	58.5	59.4	58.4	54.3	52.0	-4.3
加拿大 Canada	48.0	49.0	47.3	48.5	49.6	50.6	2.0
俄罗斯 Russian Federation	58.8	56.9	54.3	53.9	50.0	50.4	0.9
欧盟 EU-28	58.4	53.4	52.3	51.5	49.7	49.1	-1.2
澳大利亚 Australia	71.8	74.0	78.2	73.3	73.2	71.9	-1.7
中国 P.R.China	59.9	67.1	72.1	72.5	70.0	71.2	1.8
南非 South Africa	64.0	61.4	69.3	68.8	69.4	71.1	2.4
阿根廷 Argentina	51.5	54.0	53.3	54.3	55.2	54.0	-2.1

单位：t/TJ (tonnes/TJ)

国家 / 地区 Country/Region	1990	2000	2005	2008	2012	2013	2013 年比 2012 年变化 /% Change of 2013 over 2012/%
巴西 Brazil	31.4	37.2	34.4	33.4	35.8	36.8	2.8
印度 India	41.6	48.3	50.1	53.4	56.5	57.6	1.8
印度尼西亚 Indonesia	32.4	39.6	42.7	45.4	46.9	47.5	1.1
墨西哥 Mexico	50.6	56.7	54.1	52.7	54.9	56.4	2.7
沙特阿拉伯 Saudi Arabia	62.2	57.3	58.1	55.6	55.2	58.7	6.3
土耳其 Turkey	57.6	63.3	61.3	64.1	61.8	58.2	-5.9
韩国 Republic of Korea	59.6	54.8	52.0	51.4	52.1	51.8	-0.7

数据来源：*IEA CO_2 Emissions from Fuel Combustion Highlights, 2015 Edition*。
Source: *IEA CO_2 Emissions from Fuel Combustion Highlights, 2015 Edition.*

3

2014 年 BP 二氧化碳排放统计相关指标

BP CO_2 Emissions Related Indicators in 2014

附表 3-1　2014 年世界主要国家和地区（G20）能源消费总量

Appendix 3-1　Primary Energy Consumption in 2014(G20)

单位：10^6 t 油当量 (million tonnes of oil equivalent)

国家 / 地区 Country/Region	石油 Oil	天然气 Natural Gas	煤炭 Coal	核能 Nuclear Energy	水电 Hydro-electricity	其他可再生能源 Other Renewable	总量 Total	2014 年比 2013 年变化 /% Total Change of 2014 over 2013/%
美国 United States	836.1	695.3	453.4	189.8	59.1	65.0	2 298.7	1.2
日本 Japan	196.8	101.2	126.5	^	19.8	11.6	456.1	-3.0
德国 Germany	111.5	63.8	77.4	22.0	4.6	31.7	311.0	-4.5
法国 France	76.9	32.3	9.0	98.6	14.2	6.5	237.5	-3.9
英国 United Kingdom	69.3	60.0	29.5	14.4	1.3	13.2	187.9	-6.3
意大利 Italy	56.6	51.1	13.5	^	12.9	14.8	148.9	-5.7
加拿大 Canada	103.0	93.8	21.2	24.0	85.7	4.9	332.7	-0.5
俄罗斯 Russian Federatuion	148.1	368.3	85.2	40.9	39.3	0.1	681.9	-1.2

单位：10^6 t 油当量 (million tonnes of oil equivalent)

国家 / 地区 Country/Region	石油 Oil	天然气 Natural Gas	煤炭 Coal	核能 Nuclear Energy	水电 Hydro-electricity	其他可再生能源 Other Renewable	总量 Total	2014 年比 2013 年变化 /% Total Change of 2014 over 2013/%
欧盟 EU-28	592.5	348.2	269.8	198.3	83.8	118.7	1611.4	-3.9
澳大利亚 Australia	45.5	26.3	43.8	^	3.3	4.1	122.9	-2.6
中国 P.R.China	520.3	166.9	1 962.4	28.6	240.8	53.1	2972.1	2.6
南非 South Africa	29.1	3.7	89.4	3.6	0.3	0.6	126.7	2.5
阿根廷 Argentina	30.9	42.4	1.3	1.3	9.3	0.7	85.8	-1.0
巴西 Brazil	142.5	35.7	15.3	3.5	83.6	15.4	296.0	2.5
印度 India	180.7	45.6	360.2	7.8	29.6	13.9	637.8	7.1
印度尼西亚 Indonesia	73.9	34.5	60.8	^	3.4	2.2	174.8	3.1
墨西哥 Mexico	85.2	77.2	14.4	2.2	8.6	3.7	191.4	-0.1

单位：10^6 t 油当量 (million tonnes of oil equivalent)

国家 / 地区 Country/Region	石油 Oil	天然气 Natural Gas	煤炭 Coal	核能 Nuclear Energy	水电 Hydro-electricity	其他可再生能源 Other Renewable	总量 Total	2014 年比 2013 年变化 /% Total Change of 2014 over 2013/%
沙特阿拉伯 Saudi Arabia	142.0	97.4	0.1	^	^	^	239.5	7.6
土耳其 Turkey	33.8	43.7	35.9	^	9.1	2.8	125.3	2.7
韩国 Republic of Korea	108.0	43.0	84.8	35.4	0.8	1.1	273.2	0.0

数据来源：《BP 世界能源统计 2015》。

注：1. 表中能源消费数据包含商业交易燃料（包括用于发电的可再生能源）。

2. 石油消费量以百万 t 为单位，其他能源以百万 t 油当量为单位。

3. ^ 表示小于 0.05。

Source: *BP Statistical Review of World Energy 2015*.

Notes: 1. In this review,primary energy comprises commercially traded fuels including modern renew ables used to generate electricity.

2. Oil consumption is measured in million tonnes;other fuels in million tonnes of oil equivalent.

3. "^" means less than 0.05.

附表 3-2　2014 年世界主要国家和地区（G20）能源消费构成

Appendix 3-2 Energy Consumption by Fuel in 2014(G20)

单位：%　　　　　　　　　　　　　　　　　　　　　　　　　　　　　　　　（%）

国家 / 地区 Country/ Region	石油 Oil	天然气 Natural Gas	煤炭 Coal	核能 Nuclear Energy	水电 Hydro-electricity	其他可再生能源 Other Renewable
美国 United States	36.37	30.25	19.72	8.26	2.57	2.83
日本 Japan	43.15	22.19	27.74	—	4.34	2.54
德国 Germany	35.85	20.51	24.89	7.07	1.48	10.19
法国 France	32.38	13.60	3.79	41.52	5.98	2.74
英国 United Kingdom	36.90	31.94	15.72	7.68	0.71	7.04
意大利 Italy	38.01	34.32	9.07	—	8.66	9.94
加拿大 Canada	30.96	28.19	6.37	7.21	25.78	1.47
俄罗斯 Russian Federation	21.72	54.01	12.49	6.00	5.76	0.01
欧盟 EU-28	36.77	21.61	16.74	12.31	5.20	7.37
澳大利亚 Australia	37.06	21.36	35.64	—	2.65	3.30
中国 P.R.China	17.51	5.62	66.03	0.96	8.10	1.79
南非 South Africa	22.97	2.92	70.56	2.84	0.24	0.47
阿根廷 Argentina	35.96	49.46	1.47	1.46	10.83	0.82
巴西 Brazil	48.14	12.06	5.17	1.18	28.24	5.20

单位：%　　(%)

国家 / 地区 Country/ Region	石油 Oil	天然气 Natural Gas	煤炭 Coal	核能 Nuclear Energy	水电 Hydro-electricity	其他可再生能源 Other Renewable
印度 India	28.33	7.15	56.48	1.22	4.64	2.18
印度尼西亚 Indonesia	42.28	19.74	34.78	—	1.95	1.26
墨西哥 Mexico	44.51	40.33	7.52	1.15	4.49	1.93
沙特阿拉伯 Saudi Arabia	59.29	40.67	0.04	—	—	0.00
土耳其 Turkey	26.98	34.88	28.65	—	7.26	2.23
韩国 Republic of Korea	39.53	15.74	31.04	12.96	0.29	0.40

数据来源：《BP 世界能源统计 2015》。
注：表中能源消费数据包含商业交易燃料（包括用于发电的可再生能源）。
Source: *BP Statistical Review of World Energy 2015.*
Note: In this review, primary energy comprises commercially traded fuels including modern renewables used to generate electricity.

附表 3-3　2014 年世界主要国家和地区（G20）二氧化碳排放总量

Appendix 3-3 Total CO_2 Emissions in 2014(G20)

国家 / 地区 Country/Region	2014 年 CO_2 排放总量 / 百万 t 2014 Total CO_2 emissions/(million tonnes	较 2013 年变化率 /% Change of 2014 over 2013/%
美国 United States	5 994.6	0.9
日本 Japan	1 343.1	-3.1
德国 Germany	798.6	-5.6
法国 France	347.5	-8.7
英国 United Kingdom	470.8	-8.5
意大利 Italy	347.1	-8.1
加拿大 Canada	020.5	0.1
俄罗斯 Russian Federation	1 657.2	-1.5
欧盟 EU-28	3 705.0	-5.4
澳大利亚 Australia	374.9	-2.3
中国 P.R.China	9761.1	0.9
南非 South Africa	452.2	1.7
阿根廷 Argentina	199.4	-1.1
巴西 Brazil	581.7	4.1
印度 India	2 088.0	8.1

国家 / 地区 Country/Region	2014 年 CO_2 排放总量 / 百万 t 2014 Total CO_2 emissions/(million tonnes	较 2013 年变化率 /% Change of 2014 over 2013/%
印度尼西亚 Indonesia	548.7	3.6
墨西哥 Mexico	499.9	-1.5
沙特阿拉伯 Saudi Arabia	665.0	7.6
土耳其 Turkey	348.5	7.3
韩国 Republic of Korea	768.3	0.1
全球 The global	35 498.7	0.5

数据来源：《BP 世界能源统计 2015》。

注：1．表中 CO_2 排放量只考虑了石油、天然气和煤炭消费所产生的排放，且基于标准的全球平均排放因子核算（碳含量采用以下数据：石油，3.07 tCO_2/t 油当量；天然气，2.35 tCO_2/t 油当量；煤，3.96 tCO_2/t 油当量），未考虑其他温室气体排放源。该数据与官方排放数据没有可比性。

2．不包括爱沙尼亚、拉脱维亚和立陶宛 1985 年之前数据，以及斯洛文尼亚 1991 年之前数据。

Source: *BP Statistical Review of World Energy 2015.*

Notes: 1. The carbon emissions above reflect only those through consumption of oil,gas and coal,and are based on standard global average conversion factors.This does not allow for any carbon that is sequestered,for other sources of carbon emissions,or for emissions of other greenhouse gases.Our data is therefore not comparable to official national emissions data.The table is compiled on the basis of carbon content:oil，73 300 kg CO_2 per TJ (3.07 tonnes per tonne of oil equivalent);natural gas，56 100 kg CO_2 per TJ (2.35 tonnes per tonne of oil equivalent);coal，94 600 kg CO_2 per TJ(3.96 tonnes per tonne of oil equivalent).

2. Excludes Estonia,Latvia and Lithuania prior to 1985 and Slovenia prior to 1991.

4

世界主要国家和集团自主决定贡献减缓目标

Mitigation Targets in INDCs

附表 4-1　世界主要国家和集团自主决定贡献减缓目标

国家 / 集团	目　标
美国	温室气体排放量到 2025 年比 2005 年下降低 26% ~ 28%，尽最大努力减排 28%
日本	温室气体排放量到 2030 年比 2013 年降低 26%，相当于比 2005 年降低 25.4%
欧盟	温室气体排放量到 2030 年比 1990 年降低 40%
加拿大	温室气体排放量到 2030 年比 2005 年降低 30%
俄罗斯	到 2030 年温室气体排放量控制在 1990 年水平的 70% ~ 75%，即到 2030 年比 1990 年减排 25% ~ 30%
澳大利亚	温室气体排放到 2030 年比 2005 年降低 26% ~ 28%
南非	2025—2030 年，将温室气体排放量控制在 3.98 亿 t ~ 6.14 亿 t 二氧化碳当量范围内。未来南非温室气体排放路径将沿着一条“温室气体排放峰值期、平稳期和下降期（PPD）”的轨迹，峰值出现在 2020 年到 2025 年之间，此间温室气体排放量将在 3.98 亿 ~ 6.14 亿 t CO_2 当量，2025 年之后，南非温室气体排放将进入为期约 10 年的平稳期，继而进入绝对下降期
阿根廷	温室气体排放量到 2030 年相对于照常情景（BAU）降低 15%。如实现以下条件，到 2030 年温室气体排放相对于照常情景降低 30%：(1) 有充足和可预测的国际资金支持；(2) 获得技术转让、创新和开发支持；(3) 获得能力建设支持
巴西	温室气体排放量到 2025 年比 2005 年降低 37%，到 2030 年比 2005 年降低 43%
印度	温室气体排放强度到 2030 年比 2005 年降低 33% ~ 35%，非化石能源发电装机 2030 年占比达到 40%，到 2030 年增加碳汇 25 亿 ~ 30 亿 t 二氧化碳当量
印度尼西亚	到 2030 年，温室气体排放相对于照常情景（BAU）降低 29%。 若通过国际合作得到有力支持，可实现到 2030 年比照常情景减排 41%
墨西哥	2030 年，温室气体和短寿命气候污染物排放相对于照常情景（BAU）降低 25%，相当于温室气体减排 22%、黑炭减排 51%。意味着，温室气体净排放将在 2026 年达峰，温室气体排放与经济发展脱钩，2030 年单位 GDP 碳排放比 2013 年降低 40%。 如果全球协议涉及碳价等重要议题，2030 年温室气体和短寿命气候污染物减排目标可提高至 40%，相当于减排温室气体 36%，黑炭 70%

国家 / 集团	目　标
沙特阿拉伯	将实施具有减缓和适应气候变化协同效应的、旨在增加经济多样性的行动和计划，并减少应对措施的影响
土耳其	温室气体排放量到 2030 年相对于照常情景（BAU）降低 21%
韩国	到 2030 年，温室气体排放相对于照常情景减排 37%
新加坡	到 2030 年碳强度下降 36%，排放量在 2030 年左右达峰
新西兰	2030 年在 2005 年水平上减排 30%，相当于在 1990 年水平上减排 11%，到 2050 年在 1990 年水平基础上减排 50%

数据来源：http://unfccc.int/focus/indc_portal/items/8766.php。

Appendix 4-1 Mitigation Targets in Major Countries or Groups' INDCs

Country/Group	Target
United States	The United States intends to achieve an economy-wide target of reducing its greenhouse gas emissions by 26%~28% below its 2005 level in 2025 and to make best efforts to reduce its emissions by 28%
Japan	Japan's INDC towards post-2020 GHG emission reductions is at the level of a reduction of 26.0% by fiscal year(FY) 2030 compared to FY 2013(25.4% reduction compared to FY 2005)
EU-28	The EU and its Member States are committed to a binding target of an at least 40% domestic reduction in greenhouse gas emissions by 2030 compared to 1990
Canada	Canada intends to achieve an economy-wide target to reduce greenhouse gas emissions by 30% below 2005 levels by 2030
Russia	Limiting GHG emissions to 70%~75% of 1990 levels by the year 2030,reducing GHG emissions by 25%~30% from 1990 levels by 2030
Australia	Australia will implement an economy-wide target to reduce greenhouse gas emissions by 26%~28% below 2005 levels by 2030
South Africa	South Africa's emissions by 2025 and 2030 will be in a range between 398 and 614 Mt CO_2eq. Mitigation component of its INDC moves from a "deviation from business-as-usual" form of commitment and takes the form of a peak,plateau and decline (PPD)GHG emissions trajectory range,enabling South Africa' s greenhouse gas emissions to peak between 2020 and 2025,plateau for approximately a decade and decline in absolute terms threrafter

Country/Group	Target
Argentina	Argentina' s goal is to reduce GHG emissions by 15% in 2030 with respect to projected BAU emissions for that year. A reduction of 30% GHG emissions could be achieved by 2030 under the following conditions: 1.Adequate and predictable international financing; 2.support for transfer,innovation and technology development; 3.support for capacity building
Brazil	Brazil intends to commit to reduce greenhouse gas emissions by 37% below 2005 levels in 2025,to reduce greenhouse gas emissions by 43% below 2005 levels in 2030
India	India intends to reduce the emissions intensity of its GDP by 33%~35% by 2030 from 2005 level,to achieve about 40 percent cumulative electric power installed capacity from non-fossil fuel based energy resources by 2030,to create an additional carbon sink of 2.5 to 3 billion tonnes of CO_2 equivalent by 2030
Indonesia	The unconditional reduction target is 29% of the business as usual scenario by 2030,and up to 41% with international support against the business as usual scenario by 2030
Mexico	Mexico is committed to reduce unconditionally 25% of its greenhouse gases and short lived climate pollutants emissions(below BAU) for the year 2030.This commitment implies a reduction of 22% of GHG and a reduction of 51% of black carbon.This commitment implies a net emissions peak starting from 2026,decoupling GHG emissions from economic growth:emissions intensity per unit of GDP will reduce by around 40% from 2013 to 2030. The 25% reduction commitment expressed above could increase up to a 40% in a conditional manner,subject to a global agreement addressing important topics including international carbon price,GHG reductions could increase up to 36%,and black carbon reductions to 70% in 2030

Country/Group	Target
Saudi Arabia	The INDC' s focus on economic diversification as well as adaptation actions with mitigation co-benefits allows to effectively address and tap on synergies for both responses to climate change
Turkey	The reduction target is 21% of the business as usual scenario by 2030
Korea	The reduction target is 37% of the business as usual scenario by 2030
Singapore	Singapore communicates that it intends to reduce its emissions intensity by 36% by 2030,and stabilise its emissions with the aim of peaking around 2030
New Zealand	New Zealand commits to reduce GHG emissions to 30% below 2005 levels by 2030.This responsibility target corresponds to a reduction of 11% from 1990 levels,reducing emissions to 50% of 1990 levels by 2050

Source: http://unfccc.int/focus/indc_portal/items/8766.php.